U0077626

（原）臺灣療養醫院

訂購處
林進塔
台北市內湖區成功路二段426巷7弄6號1樓
(02)2791-4392

這棵大九重葛初剪開時的樣子

造型分為前後兩半部分

二年之後完成的造型

樹雕藝術家

◆

的

◆

園藝動物世界

林進塔　著

緣起

第一隻鳥兒

不是出於靈感，也不是受人指使，更沒有事先的計畫，只是應工作之需而已！

1958年11月2日，我進入台灣療養醫院，負責庭園的工作。大約一年後的某一天，我們的護士長來找我，跟我說在她曬衣服的架子旁有一棵九重葛，她不想要了，因為她曬的衣服，經常被風一吹，就卡在那棵九重葛上，所以她請我把它砍掉。

過了一段時間後，她又來找我，說那棵九重葛又長出來了，她請我再去砍掉。但當我來到樹旁一看，樹上冒出來的新芽嫩枝長得既可愛又鮮綠。我怎麼忍心去傷害它呢？

我站在那邊想了一會兒，心想最好的方式就是——保持它一定的高度，不要讓它再繼續長高，不就好了嗎？

於是，我伸手將這些新枝芽上下左右地彎一彎、壓一壓，它們好像會聽我話似的，很容易就塑造成我想要的形狀。突然，這棵九重葛彷彿有了新生命一樣，在我眼中，它像極了一隻鳥兒。

接著，我將一半的新枝芽往下壓，試圖把它們折成鳥的腹部及尾巴，另一半則讓它們繼續生長，之後，慢慢長出來的新枝芽就順著我折的形狀，成為鳥兒的脖子和頭。

就這樣，每次只花十多分鐘，大約反覆做了十多次，我完成了我的第一件作品，一隻綠意盎然的鳥兒。

自序

在人的一生當中，如果能有一件事是讓自己深深喜愛，那這一個人便可算是幸福的。若是自己喜愛的這一件事還能成為吃飯的工具，那根本就是老天賜下的無比恩寵。很幸運的，在我年少時，我便接觸到園藝這一行，然後便深深的被九重葛吸引，直到現在。我的工作便是替九重葛做「雕塑」的工作。

所謂「雕塑」就是將九重葛做成各種不同的造型。可能是一隻長頸鹿、一隻大象，也可能是一頭背上載著牧童的牛。只要看到或想到自己曾經做過的這些作品，就覺得自己在人間並無白活一遭。現在能將我的所知所學付梓成書，也讓我心中相當欣慰。

在這一本書中，我最希望與大家分享的經驗是熟能生巧、適時變通以及勇於嘗試各種不同的主題與造型，這樣作品將更添色彩。做園藝這麼多年，我希望能在有生之年將我所摸索出來的技藝傳承下去給有興趣的朋友，也歡迎朋友相互切磋。

除了想將自行摸索出來的技藝傳承外，我更希望找到一塊廣闊綿延的土地，和一位肯出資的投資者，讓我將各種園藝作品做成一個綠色遊樂園，讓大家有一個可以休閒放鬆的綠色小天堂。

林進塔

目錄

目錄

個人簡述
profile

我的這本書

我的這本書雖然不能讓讀者升官發財，或是學到特別偉大的人生道理，但只要仔細閱讀與練習，就能樂在其中，瞭解九重葛園藝的美麗與高貴，其方法祇須每日勤於動動腦筋和手腳，就能輕易地得到健康和快樂。而且透過本書，能讓讀者經常與九重葛接觸，不僅能吸收清新的芬多精香氣，更能活暢筋骨，延年益壽。

寫這一本書最主要的目的，是要將我畢生做九重葛園藝的心得與技巧，傳承給有心學習的人士，讓這樣的朋友，能快樂地動手做出自己喜歡的園藝造型。我相信在讀者學習園藝的過程中，一定能和我一樣從那份執著與信念中，找尋製作園藝造型的無窮樂趣。

從一九五八年轉到園藝部門起，至今已將近五十個年頭。在我六十九歲那一年的六月，我的膝蓋受了傷，遲遲未癒，體力方面也每下愈況。但只要想到自己能在有生之年，將自己摸索出來的技藝傳授給有同樣愛好的朋友，我就非常非常的滿足了。

▼我與我的妻。

感謝上帝的帶領

感謝上帝，指引我回到祂的工作上，為祂服務。一路走來，祂總是帶領賜福我，讓一切事情都能平安、順利的渡過，這份園藝工作，我一做就做了將近五十個年頭，之間我從未換過任何工作。在這幾十年間，我靠著主的恩典，摸索出一套與眾不同的技巧，投入其中讓我非常愉快，數不清有多少次，我沉醉在其中，連肚子餓該吃飯的時間都給忘了。我衷心的希望能將自己累積下來的多年經驗，傳授給與我有相同愛好的朋友。希望他們也能將自己對園藝的一份愛充分表現在作品上，走出一條有自己特色的路。

因為我把工作當成遊戲來做，加上這份遊戲不但能使我自己快樂，也能使他人感到愉快，因此也就變成了我的終身事業。這份工作雖屬勞力性質，但我在其中確實獲得非常多的喜悅與安慰，所以，我一點都感覺不到有任何辛苦之處。

我手中摸過的九重葛到底有多少，我自己都無法詳細數出個數目來，但是在照片的紀錄下，我知道那的確是個不小的數目。報上所有的相關報導，其實也都只是少數部分，我還有許多數量驚人的半成品。也因為手中摸過的九重葛數量太多，現在只要是

▼報導／外文雜誌報導。

THE ASIA MAGAZINE

January 18, 1981

Unique artistry

Cover story

Some of the many sculptured figures which line the Taipei Seventh Day Adventist Hospital's walks. Cover: Hospital gardener Lin trims a tree in the form of a giraffe. It was damaged by the wind shortly before this shot was taken.

Taipei's 'backward' sculptor

by JOHN R. WESTBROOK

EVERY city or region has its popular artists [illegible] call on the appropriate gallery or studio.

But what of an artist whose masterpieces are displayed not in a gallery or museum but at a hospital? And in the garden at that! Lin Ching-ta is such an artist.

Although, by profession, he is only a hospital gardener, Lin is, in his own way, as talented a sculptor as is to be found today. His works, skillfully and lovingly crafted from the dozens of bougainvillaea that dot the grounds of Taipei's Seventh Day Adventist Hospital, display a unique artistic ability.

Among the figures represented are any number of birds, rabbits, turtles and the like, as well as almost life-size camels and elephants. Towering over them all is a giraffe that stands just on fourteen feet tall. In addition to the single animal figures are a number of groupings. In one, two workers are busily engaged pounding rice in an oversized mortar. In another, a shepherd tends his flock as a nonchalant lion dozes nearby.

Along with the realistic, the whimsical also is well represented. Baby monkeys play tag with each other. Lady and the Tramp gaze fondly into each other's eyes, and a lumbering brontosaurus peers through a hedge at hospital visitors.

Gardener Lin trims a tree in the shape of a bird. It was his success here which led to him pruning more trees in animal styles.

Two of the most remarkable figures are those of a mounted horseman completed with sombrero and a young boy playing a flute while riding a friendly water buffalo. Either of these is certain to make the viewer wonder at the years of planning and painstaking work which went into their creation.

But probably the most amazing thing about the garden is not any one of the figures it contains but rather that the entire project is the work of a single artist. Every figure in the display was planned and formed by Lin in his capacity of gardener for the hospital over the past twenty years.

Lin first hit on the idea of trying to shape the bougainvillaea, which dominated the hospital garden, shortly after assuming the position of gardener in 1958. As he tells it, two of the hospital's foreign nurses asked him to cut down an especially large plant which was growing alongside their quarters. It was growing, they said, in the spot they had decided to hang their wash to dry.

Following their instructions, Lin chopped off the offending plant level with the ground and went on with

The Asia Magazine January 18, 1981

3

▲ 作品／牧童與牛。

我腦中所想到的畫面，大多能用九重葛做出來。

幼童時代

我出生在鄉下一個務農維生的貧窮家庭裏。四歲那一年，我們自家養的一條土狗，突然往我的右臉咬去，害我差一點就送了小命。另外，在我出麻疹的時候，病情最後卻轉成肺炎。這一次的狀況比被狗咬到時更嚴重，當時正是八年抗戰期間，醫藥糧食短缺，我瘦得只剩下皮包骨，只能以最微弱又緩長的小聲音呼吸著。媽媽以為我可能熬不過這個關卡，不知道為我掉了多少的眼淚。這兩次生命中的災難，雖然沒有奪去我的生命，但是卻讓我的身體變得非常虛弱，加上營養不良，讓我在體型上的發育不及其他同齡兒童。

當時，我們的家境很貧困，沒有辦法擁有自己的牛隻。我的父親經常去替鄰居們做插秧苗及割稻的工作，而鄰居們則會將牛借給我們，父親替鄰居做多少時間的工作，他們就會將牛借給我們多久。當時，我必須左手牽牛，右手拿鞭子來趕牛，雙腳還要忙著將稻子頭踩入土中，而這些工作通常都是從日出做到日落。

從八到十四歲之間，不論是稻田、茶園裏的工作，我樣樣都做過，也都做的不錯。不過，因為小時候的疾病影響，我的身體無法承受需要彎腰或者較為粗重的工作，這讓我不得不離開可愛的家鄉來到台北工作。前前後後，我總共換了十多個工作，最後還是這份拿著剪刀的工作，讓我這一生有所依歸。

雖然幼年兩次大災難，沒奪走我這小命，但卻影響了我的身體狀況，有彎腰的工作我做不成，才想要盡量少去做要彎腰的事。

離鄉背井外出工作

十四歲那年，我來到台北一家專賣鴨肉及肉粽的店工作。做了一段時間之後，我很想要換工作，但是老闆不肯讓我離開，因此他就把我的一包衣服及一本指南尺牘收了起來。到最後，我是拿回了我的衣服，但是那一本書至今還沒歸還給我。

▲魚池三育基督學院一隅。

大概在我十七、十八歲的時候，我到重慶南路台銀宿舍替人做照顧蘭花及養雞的工作。做了將近一年，我覺得這樣下去還是沒有前途，因此我心中萌生換工作的念頭。經理的媽媽，她當時大約已有七十多歲的年紀，她不但將袖子捲得高高的，還做了我敢走就要打我的姿勢。雖然這樣，我還是選擇了離開。

在我三十、四十多歲的時候，碧湖新村裏有多位國代很喜歡我所修剪的花木，因為我到處都有工作要做，但一個人的力量有限，只好把後來找我的客戶辭掉。其中有一戶人家很特別，主人不讓我辭職，他親自拜託多次無效後，於是找來他的親戚來拜託。他的親戚也是我二十多

▼臺安醫院內的作品。

年的老客戶，當時這位老客戶都已經是八十歲左右的人了。因為真的分身乏術，我還是必須忍痛婉拒她的請託。最後，這位老夫人請她的佣人來求我，叫我一定要去幫忙。到最後，我還是只能請求他們諒解，我絕非故意刁難，而是手邊的工作真的已經多到讓我焦頭爛額，應接不暇了。

記憶中最誇張的一次，應該就屬在臺安醫院發生的故事了。在我向臺安醫院提出辭職書後，院方先是約談，接著便是一再挽留。在我正式離職後，我每星期六到教會聚會，散會後，院長及總務主任必定在門口等我，跟我提起回院內工作的事宜。他們每週都來，在經過十多次後，我實在是按奈不住脾氣了，才跟他們說，新的老闆已經花了大筆資金去購買樹材要我做，無論是甚麼狀況，我都一定要尊重我的新工作，不能讓新老闆白花錢，所以我已沒有辦法再回去了。在這之後，他們才肯放棄。

▼報導／Far East TRAVELER 民國68年6-7月刊。

Taipei's Living Gallery

text and photos by John R. Westbrook

Far East TRAVELER, June – July 1979

相關報導

在我進入臺安醫院整理園藝後，我很快就升級到「沒人管」的階級，凡事只要自己作主決定即可，這讓我更能夠專注於我所喜愛的工作上。在臺安醫院工作了四年之後，也就是在一九六二年年底，中央日報刊登一篇有關於我修剪花木的報導，之後陸續有其他家報社及雜誌也做了相關報導。在一九七七年，一月十六、十七號兩天當中，就同時有中央日報、台灣新生報及中國時報刊載相關報導。

▼報導／中華日報 民國54年6月5日。

巧匠妙手奪天工
創造綠色動物園
珍禽異獸真個栩栩如生
林進塔為園藝開新境界

幾條九重葛
興起新構想
盤竿繞葉展才華
靠他耐心和想像

照圖動剪刀
先做一隻鳥
工作中找出答案
每個玩意像極了

這些報導有時是整版、半版或長方塊、小塊等。有些報導會將我誇耀一下，這讓讀書不多的我，心中不免有一番小小的虛榮。我自己從來不訂報，認識的朋友會將相關報導留下來給我，現在我所擁有的數十份報章與雜誌，都是別人送給我的。

除了平面報導外，也曾經有一些電視節目做了相關的報導。在一九七一年十月十二日的午間及晚間新聞報告，曾向觀眾朋友介紹台北有兩個動物園。一個當然是有真的動物的「圓山動物園」，另外一個則是我一刀一刀修剪出來的「綠色動物園」。

一九七八年八月八日，那天是爸爸節，中國電視公司安排記者來拍攝；而在同月的二十號，在時兆之聲這節目裏也一樣介紹了台北的兩個動物園。

一九八一年八月十九日，下午六點半，在愛的世界節目一開始的鏡頭就是在播放這些園藝造景。一九八二年二月二十一日，台視的印象之旅也來拍攝我的作品作為電影中的場景。

二〇〇二年五月一日，勞動節這天，大愛電視台在中午、晚間及夜間的時段，各用了數分鐘的時間報導我在南投縣魚池鄉做義工，修剪花木的

▼報導／現代民生。

▲ 在新竹三溪地中所做各種未完成的作品。

事。

至於電視中的連續劇，也曾多次出現我所修剪造型的花木。

小有名聲

有人告訴我，有些病人想叫計程車去台灣療養醫院看病，司機說不知道地方，經過病人解釋說有很美麗的花園之後，司機才說我知道，我知道。

有個外國的路人，看到我在修剪，他還特意進來看並告訴我，他是從德國來的，在他們的電視上，曾經看過我及這些造型，所以現在有機會看到我本人，覺得非常高興。

在臺安新醫院落成不久，因為將植物搬到新園的關係，那些造型又瘦又黃，這時卻剛巧有一位德國記者來拜訪。他先到觀光局打聽後，才找到醫院來。很可惜他來的時間不對，所有植物因為移動種植地點的關係，又瘦又黃，一點都不上相。於是做了訪問後，他只照了幾張照片，並留下他的名片，帶著失望的心情離開。

一九八九年六月十八日，有一位外國朋友，看我在修剪樹木就進來參觀。後來，他告訴我，在法國也有關於我修剪樹木的報導。

朋友肯定

一九九二年某日下午，有一部砂石車司機將車開到離我不遠處後停了下來。司機先生將頭伸出車外，大聲地說著一連串我聽不懂的客家話，我回答他說我聽不懂啦。於是他用手指頭指著我，然後改用國語說：「你這樣做不對啦！你應該去當老師，教更多的人才對。你來這裏，太委屈你了。」他就這樣連說了兩遍。

▲ 將原本栽種在三溪地的半成品移植的過程。

有一次，我在聯勤信義俱樂部修剪花木時，有一位在聯勤內服務的小姐，遠遠的站在我的對面。她一直大聲叫著：「阿伯！阿伯！」起初我並沒有注意到她口中叫的阿伯就是指我，我只當她是在叫別人，依舊專注於我自己的工作上，而她仍然「阿伯！阿伯！」的不停喊著。當我不經意的抬頭一看，發現她是朝著我的方向在喊，那時我才知道她是在叫我。我直覺的問她：「有事嗎？」她就笑笑的說：「阿伯！阿伯！你要絕版了。」我說我聽不懂她話裏的意思，而這位小姐又反問我說：「只有你能動作俐落的修剪這些花木，以後沒人做怎麼辦？這樣不就是絕版了嗎？」這時我才恍然大悟，原來這位小姐是在關心著未來的事。

▼ 作品／椿米。

而我在南投縣魚池鄉所做的那些花藝，也有朋友說我是國寶級的人物。

某年年底，我去參加一個朋友的兒子生日。在餐桌上，朋友將我介紹給其他人時，就有客人先開口說：「他曾經是風雲人物啦！」當時，我心裡可真是有點得意，但又覺得挺不好意思的。這天有幾個朋友從台北到球場來看我，人還沒到我這裏，就大聲喊著說：「你是上帝派來的藝術家。」

二〇〇三年在濟南路某處上班的一位小姐說，以前的人一來就是好幾個，工作做完了，前後效果好像也相差不多，而我一人所做的，到處都乾淨又美，她說我好神奇，如同在變魔術一般。

▲作品／牛。

出國工作的機會

從事園藝工作讓我經常有機會接觸到不同的人，也讓我有出國工作的機會。

城市裏的鄉下人
開創綠色動物園
天賦藝術才能、爲禽獸添色
林進塔的慧心、使病患寬慰

▲報導／自立晚報 民國63年1月5日。

第一次來跟我談出國工作的人，應該是一位姓李的華僑。他曾三次去台灣療養醫院的大草坪上，跟我談論要帶我到美國工作的事情。但那個時候，我有三個小孩要照顧，最大的只有五歲，最小的還抱在手上。另外，除了在醫院這邊上班外，我還有其他不少的收入，而我在工作之餘，也想要自己開一個花圃。因為上述的種種原因，我對出國工作這事一直興趣缺缺。

一九八〇年八月十五日那天，夏威夷那邊的媒體有關於我及我所修剪的花木一事的報導。當地的一位居民就寫信給他台灣的朋友，要他來找我，請我去那邊幫忙。因為他計畫要開觀光遊樂場，很希望能藉我的手藝為他的遊樂園做一點東西。

有一天，他們請了三個男人來找我，希望我會答應，但我還是告訴他們，我現在分身乏術無法過去幫忙，這邊還有很多工作等著我做。於是，他們只好留下電話號碼，希望我能認真考慮。

另外，一九八一年，汶萊也有人寫信到臺灣療養醫院來，希望我到那邊去工作。

而台灣的立委沈富雄也跟我提到，他的太太在美國，問我是否能到那邊去幫忙做園藝方面的事，若是能去的話，他會替我將簽證辦好，我只要人過去就好了。

這些對我來說都算是不錯的機會，但是在很多考量下，我還是留在自己的土地上，沒到外國去。

一份沒人搶的工作

在現今的工作環境中，經常是人浮於事、僧多粥少。

生活在這樣惡劣的環境中，真的要有一定的努力才有辦法獲得比較好的生活。有句俗話說：「欲求生富貴，須下死功夫」，在這個時代更能顯示出其貼切性。我認為我所從事的這份工作，雖然沒有白領階級舒服，但是只要真的有自己的一套功夫，就可以不必為生活所需煩惱，更不用擔心明天會不會被裁員。

就我看來，室外的工作其實比室內的工作更穩定，而且常在外面走動，也比整天在辦公室內吹冷氣好。每天與大自然接觸，有新鮮空氣，有陽光，這是多麼舒服的一件事。而且，只要做的好，還可以經常聽到讚美聲。另外，這也是一份可以修身養性的工作，真的會讓人越做越高興，修剪出來的成品也會讓人越看越順眼。把心放在工作上時，真的會連吃飯這件事都給忘掉，也讓人捨不得放手。

▲臺安醫院外的部分作品。

而很重要的一點是，當你一技在手時，誰都無法管你。有了工作上的自主權，不必事事聽人指揮，這有多棒啊！

自己找目標

我並不是要告訴別人園藝是一條可以賺到一些錢的途徑，只是要試著告訴這些與我有相同興趣的朋友，試著動動腦筋，動動手，就能得到健康與快樂。同時，也能使自己活得很實在，不使歲月留白。

在忙碌的工作生活中，最讓我輕鬆自得的時候，便是看到自己的成果完成的那一刻。在那時，我心中的喜悅與滿足，我想是旁人所無法理解的。當然，那樣的喜悅與滿足也是我生活中最大的安慰。

其實，我對植物學並不是十分了解，我所知道的都是經由實務獲得的小知識。小時候，我學過三、四年的日文。光復之後，我便開始幫著父親做一些農務上的工作。因此就再也沒有機會唸書了，當然也沒有機會拜師學藝。我所做出來的造型，全都是靠自己摸索出來的。這些資料也是依著自己多年來的經驗所寫出，在詞句或書寫方面，也許無法達到盡善盡美的程度，希望讀者能夠諒解。

現在，我已七十多歲了，還能玩園藝這個工作，並且玩得很愉快。現在國內外都有人在玩，但應該沒有我玩得多，因為這已經是我的工作，是我人生的一部分。而在我所到之處，我也告訴很多人如何玩、怎麼玩。我希望很多人能跟我一樣，找尋到屬於自己的樂園。

▲昔日臺安醫院週邊及公園。

心中的夢想

如果在有生之年內，能讓我有機會找到一塊很大的土地、一片彎曲而上的斜坡地或是休耕的稻田，然後在這片土地做各種植物造型，園中還有徒步道路，這對我來說，就是世界上最幸福的一件事。

我的心雖然很小，但我的目標卻是非常大的。我時時刻刻都在想著，要如何做才能使我的夢想早日實現。我多麼希望能將我四、五十年來的經驗心得，留在這塊美麗的寶島上，使這塊土地多添一處可以欣賞、可以遊樂的地方。

我心中已經有許多造型構想，可以從山下種到山上，又從山上種到山下的各種種不完的主題。只要把它們錯落有致的擺放起來，那就已經是一幅非常美麗的畫面了。

現在這一幅畫就在我心中，別人可能無法了解，但我又不知能找誰幫我的忙，讓我的夢想實現。

當然，美麗的花草、方便的設施、優美的環境還是不夠的，因為這是一般場所都具備的。我希望能夠透過園藝展現出各種特殊的造型、巧妙的動作、唯妙唯肖的作品，一一成為主題故事，並藉著它們成為吸引遊客的賣點。當然，我也希望可以讓這樣的「風聲」傳到國外去，把國外的觀光客吸引到我們這邊來。如果真的可以變成台灣著名的世界觀光點，讓我們多賺一點外幣，讓我們的人民有更多的就業機會，那會有多棒！

來個國際級的大場面，就不怕沒有人要來。但這也必須先有大財主投資計畫合作，讓樣樣齊全。好讓聽到的人都抱著耳聞不如眼見的心情，一睹廬山真面目。

夢想的實現方式

一、找到適合的幫手

要做好事情，總要先有適合的人，才能跨出第一步。園藝造型的部分，我可以自己來處理，但是關於整體計畫及資金方面，我一直尋找適當的人來幫我的忙。

二、找到適合的場所

我心中最理想的地方是不想再經營下去或想轉型的高爾夫球場。高爾夫球場通常地形優美，地皮寬廣且交通方便，不用再花整地的費用。不過，最主要的好處就是一切大型的設施大部分都已經有了，例如停車場、販賣部、旅館、涼亭等等，不必再多花錢去做這些基本設施，而場內原有的樹木也可以省上一大筆錢。

若有這樣的地方，就可以省去很多財力及精神，當然也可以省去很多工作上的時間。在我的想法中，利用球道地形來做擺設會比其他地點都理想。這樣的規劃若加上烤肉區及遊樂設施，我想應該會成功的。

除了高爾夫球場之外，不太陡的山

▲地形優美廣闊的高爾夫球場地是我心中最理想的場所。

▲ 在新竹三溪地中所做的各種半成品。

九重葛摸得多了就摸出心得來。如果能把古今民間故事、藝術造型、短歌、笑話等，把它編成電影一般，然後用園藝造型呈現出來，集中在一個大範圍之內，使來觀賞的人看不完、笑聲不斷、越看越有興趣，那就真的太棒了！當大人帶著孩子一同來到園裏遊玩時，有說不完的故事，當然也有聽不完的歡樂笑聲。我希望，就算是喜歡待在家中的人，聽說有一處這樣有趣好玩的地方時，也能跟鄰居朋友一同來參觀。就這樣一傳十、十傳百，讓國外的觀光客也知道小小的台灣有一處綠色天堂。

坡地或休耕田也都是不錯的選擇。

三、找到足夠的樹材

若能再找到新樹苗、老樹頭，不管是大的小的、美的醜的、長的短的，各從其類，一一分別出來，然後利用它們分別去做不同的造型。除了樹材之外，我很歡迎別人提供良好意見及簡單故事，讓我有更多可以發揮的題材。

我很希望，有那麼一天，能親眼看到、親手摸到、親身參與討論工作的計畫，最少我對於九重葛的了解比別人多。俗語說得好，「熟能生巧」，

▲ 在新竹三溪地的高爾夫球場上吃草的羊群。

關於九重葛的相關知識

選用九重葛做造型的原因

可做造型的樹木總類非常多，不過就我個人來說，我特別喜歡九重葛。這跟它本身的特色有關，我大略將其特色歸類整理如下：

1．九重葛的生長速度快。

2．不限時節均可修剪。

3．九重葛本身有刺，做造型時枝條可互相卡住，有時不用繩子等輔助物就可以彼此固定，不容易脫落。

4．耐活、繁殖快、枝葉茂密。

5．不怕熱，越熱生長越快，適合台灣的天候。

6．同一棵樹頭可接上許多新品種，不同品種有不同花色，也會在不同時候開花。

7．枝軟，容易控制。扭一下它也無妨，反而會變得更生動、更美妙。

8．九重葛的品種多，所以一年四季都能看到不同品種的九重葛開花。

當然，九重葛還有很多其他的優點，讀者可以自行去發覺，體會它的美妙之處。

用九重葛做盆景好處多

除了做各種動物及靜物等造型之外，九重葛也可以用來做單純的盆景。

將九重葛種在土質較好的地方，數年不去修剪它，等它自然而然長成大樹後，再取其樹頭部分。將樹頭部分植栽於大花盆之內，就可以使它成為高級美麗的盆景。而剪下來的樹幹，我們可以鋸成幾節來做扦插繁殖。

若有一個漂亮的樹頭，只要在其分枝上接上各種不同的品種，到了秋冬花開時節，一個小盆栽中就能有各種顏色的花朵爭相鬥艷，這樣不也美不勝收嗎？而它不開花時，我們一樣可以在同一棵樹中看到多種相似，但又各有些許不同的葉片，這樣的視覺經驗也很特別！

用甚麼品種做造型

九重葛的品種很多，一般說來，有軟枝和硬枝之分。就我的經驗來說，做造型時，要選其葉茂密，枝條較軟的品種比較好。我所知道的軟枝品種有彩色葉及本土種九重葛。彩色葉品種不易繁殖及照顧，我很少使用。生長在台灣的彩色葉品種，開出的花是紫色的。我在南非看到的彩色葉所開的花是紅色，那裏的氣候比較炎熱，花色鮮豔美麗，我自己非常喜歡。我在巴里島上看到的彩色葉品種是開白色及水藍色花。本土種九重葛葉片較圓，花少色深，長得快又茂盛，我做造型時最愛使用本土種九重葛。我所知道的硬枝品種的花色較淺，葉尖

▲ 本土種九重葛的葉片。

▲ 彩色葉品種九重葛的葉片。

薄、枝硬。因為本書是以造型製作為主，因此若有興趣深入了解九重葛的總類，建議讀者可尋找相關的專業書籍來看。

彩色葉和本土種的深色葉可互相搭配，做出來的造型會更有特色美麗。但彩色葉品種生長慢、插枝繁殖不易，在繁殖期，必須如同照顧嬰兒一般的細心看顧才可以。

▲九重葛的花色繁多。

各種九重葛枝條均有用處

只要有一棵生長多年的九重葛，我們就能取得上百枝的枝條。不管是要粗的、細的、直的、彎的，只要這棵九重葛樹夠大，通常都可以很容易取得。這一點幾乎沒有其他樹可以比得上。

▼我把眾多樹苗依其大小、長短分開來，然後再決定適合做何種造型。

至於取得的枝條，我們可以依其特色去做造型總類的分配。形狀彎曲，或是特別粗的老樹幹可作為盆景。細長的枝條可作為長頸鹿、羚羊、馬或鹿等較大型動物的腿。而比較短小的枝條則可以作為小型動物的腳，如小鳥，孔雀。至於剩下來比較沒有特色的枝條可以用來作為趴著的烏龜或坐著的狗等造型。若懂得善用其本身特色，則樣樣都是寶貝。否則在你有特別的需要時，你會發現有些東西還真難找哩！

扦插繁殖

繁殖的方法一般有，靠接、壓條、扦插（插枝）、接枝等。這些方法中，以扦插最為普遍。在扦插方面，我不能算是高手，所知道的也比不上專門做這方面研究的專家。不過，因為多年的實作經驗，我也有一些自己的心得，願意在此與大家分享。

做扦插時，我們將要用到的枝條鋸下來後，就把它鋸成一小節一小節的。要用來作扦插的樹枝並不用太長，每一節約20至30公分即可，當然要更長一點也是可以的。但是長一點的枝條要種深一點，末端再用繩子固定，不要使它搖動。

若九重葛有外傷，則要先用利刀將有外傷處削除。插入土中的那一頭，最好鋸成斜口，增加接觸面積以利養分吸收。採斜種的方式也會比垂直插枝效果更好。但是斜種的樹型以後會比較不美。另外，培養土中儘量不要積水，下雨時用透明塑膠布遮蓋，或者將它移到雨淋不到的地方。

一般的九重葛在冬至前後或春天時節都可以栽種，不過還是在冬至前後種比較好。冬天插枝發芽慢，但此時的九重葛有一部分剛開完花，老葉了落光，而新葉又未長出，所有的養份因此都集中在枝條中，無論是要栽種或扦插，這時都是最好的時節。插好的枝條，等到春天之時便會成長得很

▲ 作品／門上假山。

快速。若是選在春天插枝，過不了多久就會開始發芽，甚至開花，因此根部的生長狀況也比不上冬天扦插的根部好。

彩色葉品種及長一點的枝條最好都在冬至前後栽種，不要在春天栽種。

在澆水方面，請特別注意九重葛是不太需要澆水的，它所吸收的地下水就足以應付生長所需的水份。不過，在土質特差的地方，則要看狀況適時給予水份及肥料。而種在盆子裏的，我們可以觀察土是不是變色了，或用手摸摸葉子。若是土變白或葉子變軟，就是九重葛需要水份的訊號了。而高大茂盛又是種在盆子中的九重葛特別需要注意其水份狀況。

彩色葉品種的扦插繁殖

一般的九重葛非常容易繁殖，但彩

色葉品種因為皮和根容易腐爛，要繁殖卻非常不容易。我想若要成功繁殖彩色葉品種，最好的方法就是以量取勝。只要多多栽種，運氣好的話，就能成功擁有彩色葉品種的九重葛。

彩色葉扦插枝條的大小不限，從直徑0.3公分到20公分左右都可以栽種。但枝條越粗，種植的盆子也就要越大。扦插的季節則要選在冬至前後。

栽植時的白天光線一定要充足，盆子也不能泡在水中。在下雨的季節，要將它搬進日光充足的室內或把它蓋起來。這段小心照護的期間可能要持續一至二年，等到根粗苗旺，就不會因水多傷根而死。一般的九重葛積水多日可能還無大礙，但彩色葉一旦有積水現象，很容易就腐爛。

去年冬至，我插了30枝彩色葉枝條，今年立春也插了30枝。去年用的枝條較細，存活率較高；今年插的30枝之中，有20枝將近2公分粗，後來有的發芽、有的死了，反而是那些較細的枝條存活了幾枝。

▲扦插的九重葛開始發出新芽。

到今年端午節共有21枝存活，最高的已有30公分，最短的才0.4公分。未能存活的枝條中，一半以上是未發芽就死了，少部分是長到4~5公分才死掉的。

冬天裏的九重葛

到了冬天，九重葛就會暫時停止生長，進入休眠狀態當中。甚至在強風吹襲的地方，有些九重葛還會開始落葉。只有生長在好的土質中的九重葛才能抵抗住強風的威力，保有一身綠葉。所以要作為繁殖用的九重葛，就可以選在此季節裏加工。這時候，所有的養分都在樹幹裏頭，又沒有大太陽來蒸發掉它的水份。

有一次，我撿到三大綑的枝條，那是有人修剪花草後，丟棄在草叢中的。那時葉子已經枯黃，很有可能已經被丟棄二~三個月了，並且有部分開始腐爛。不過枝條部分依舊完好無

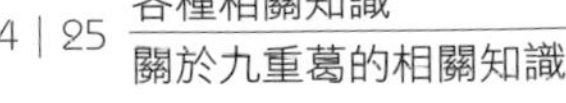

▲冬天的九重葛其葉疏落，很難分辨出原來的孔雀造型。

損，於是我便撿回家去做扦插，後來每一根枝條都活了，且都在枝條還很小時就開了花，有些甚至沒有葉子就開了花。之後，我曾經就這個部分做過一些試驗，我發現，就算將枝條從主幹上剪下來四～五天，之後再去扦插一樣可活。

新芽的造型時機

要做新芽壓彎的動作時，一定要注意時間性。澆水後、雨後及早晨都不太適宜。因這時水分飽足，枝條很容易就會被折斷。因此，我們要選枝芽水分較不充足的時候來做這一個動作比較好，例如下午或黃昏未澆水前。除了時間要注意外，動作上也必須要特別小心。最好事先抓住枝幹，輕輕左右多推幾次，把彎的弧度先由大再慢慢變小，這樣比較會有好的效果。這時一定要有耐心、小心翼翼才不會弄壞幼嫩的枝芽。若是有很快就長粗的新芽，且曾用繩子綁過的，就要特別注意，過了一段時間之後，就要把繩子解開，以免影響到它的生長。

注意，芽尖頭的地方不要去綁它，以免影響它的生長或導致變形。

讓樹頭快速長大及美化樹頭

希望九重葛的樹頭能很快長粗長大的方法很簡單。只要先將它種在地上，讓它自然往上長，暫時不去修剪它即可。怎麼樣，這個方法簡單的超乎想像吧！

為什麼這麼簡單呢？一般說來，九重葛長的越高，樹頭的部分就會跟著越粗大。等到樹頭長到一定的程度之後，我們便可將它鋸短，然後移入盆內。我們把漂亮的樹頭留出來之後，儘量將新長出的下層枝芽矮化及讓它往橫向生長。枝芽最好先從底層一層一層留起，以免高層蓋住低層時，低層部分會長的不好。

主幹形狀若是不夠美麗，就要在離樹頭不遠之處將它鋸斷，好讓它再重新生長；或者是用人為的方式改變它的彎度。當然，在你要將它做出彎度時，必須先想一下，如何就它原有的樹形去做出弧度優美的形狀出來。

若你有夠大的樹頭或老樹幹，也可以用接枝的方法接上多種品種的九重葛，屆時就會有不同的葉色及花色可欣賞。在台北，接枝的最好時機是每年的六月至八月。因為在炎熱季節，九重葛才會長得快一些。

有價值的盆景如何形成

若想要有一盆美麗有層次的盆景當裝飾，能找到一個矮壯的大樹頭當然是最理想的情況。低層要寬大，樹頭和根莖的部分明顯，這些都算是最主要的條件。其次，就是高矮盆要配得適宜，若高矮配得不好，看起來就會很不協調。每一個部分的尺寸要拿捏高低要分別的出來。若是有會破壞整體美感的枝條則要忍痛去除，好讓新芽可以從鋸口再長出來。而且我們還可以趁此機會，在新芽還幼嫩的時候下點功夫替它整型，好讓它更符合你心中的理想樣子。至於它會變美麗或變平庸，端看個人的巧思及技巧了。

▲ 盆景造型之美通常是人為雕琢而成。

至於枝條的彎度能有多大，則跟樹種本身的特性很有關係。若是彎錯角度或不小心弄傷枝條都沒有關係，只要將它剪掉，它很快就會重新生長。

要讓整體造型更有變化，那就一定要善用工具，用繩子、竿子或粗鐵絲做固定的輔助工具。使用杯子或小水盆，將之套在新芽之上，可以讓無變化的直枝變成具有彎曲美感，且讓人喜愛的盆栽。利用一些唾手可得的小道具，就可以使替九重葛做造型的工作變的比較容易。

不經雕琢而擁有自然美感的盆栽那當然是寶貝，但這通常可遇不可求。大部分美麗的盆栽，通常是從眾多質好的樹栽中選出來，再加以精雕細琢，慢慢培植而成。

美麗樹幹的栽種

美的定義，見仁見智。一般我在欣賞盆景的美時，大約會從下列幾個方向出發：樹頭碩大，根路有特殊的造型，枝幹生長的層與層高低分明，下寬上尖，枝葉疏密適中，整體呈現健康的感覺。

而這樣美麗的樹幹取得不易，它要從何而來呢？

1．從自然生長的枝條中取得：通常是在枝條密集的地方，或在阻礙物之下。在生長密集處，枝條會因為要找到生存的空間，而改變生長方向，便自然而然產生造型出來。另外，在阻礙物之下，枝條也會被迫改變生長方向，而產生造型。

2．用人為的方式改變造型：新芽可以改變，已長大的樹苗也可以改變。把難看的主副幹切除，接著拿個塑膠袋，從切口處套起，塑膠袋頂端要貼緊切口處，但旁邊不能太緊，要鬆鬆地有點空間，袋口則要綁緊，以免被風吹走。發新芽時，通常會長很多枝。當你看到塑膠袋內有不要的餘芽開時生長時，就要解開塑膠袋，把它去除。因為幼芽很容易脫落，所以在考慮如何留，如何修剪的時候，就要在動手之前多想一下，動作上也要處處小心，以免一不小心讓幼芽折落。

新的枝芽在長大時，便會在有限的空間中彎曲生長。等到新芽定型之後便可除去塑膠袋。

已長大的樹苗，挖出來後放在陰涼處，直到水份減少；枝條稍微變軟後，再用鋁線或電線固定塑型。若一條線強度不夠，可再加上另外一條輔助。纏繞鋁線的方式可以從樹苗的頭部或末梢開始，但不必特別固定在同一方向。中間的部分必須高低起伏不定，才能做出更多的造型。

若是比較大的樹，則可以將它在距離根部處鋸斷，再重新做造型。

不宜栽種之地

因為我們要常常修剪九重葛，因此不要將它種在操作不方便的地方，例如，山坡頂、深溝旁邊，或者是石頭、水泥、磚塊多或土淺等土地營養不足的地方，或者是踩下去都是水的地方等等。儘量避免上述所列的地方，因為這些地方既危險，也很有可能無法將植物種活。最好是將它種在不很陡，土質優，有溪流，不逆風，工作方便的地方。

另外，常有強風吹襲的地方也不好，因為這樣一來，九重葛的葉子在冬天會比較容易掉落。

善用工具及輔助物

剪刀

剪刀是最基本的配備，通常最少要準備兩把，一把大的用來修剪造型。一把小的則用來修剪枝條。

若枝條過粗，我們就用「太枝剪」來處理。若太枝剪也剪不斷的枝條，就要用鋸子來處理。不過這兩種工具用到的機會實際上比較少。

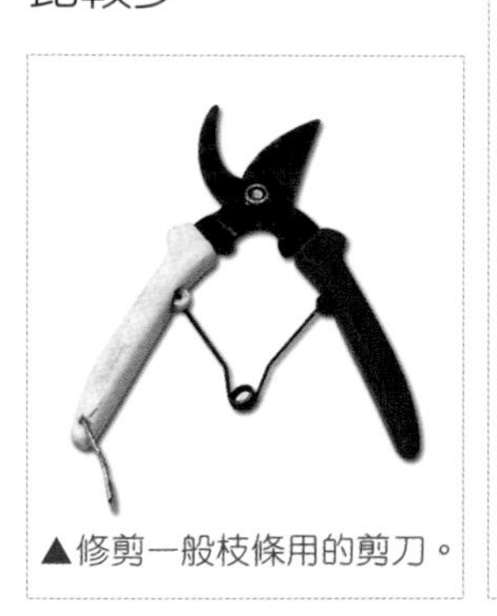
▲修剪一般枝條用的剪刀。

▲ 修剪造型用的剪刀。

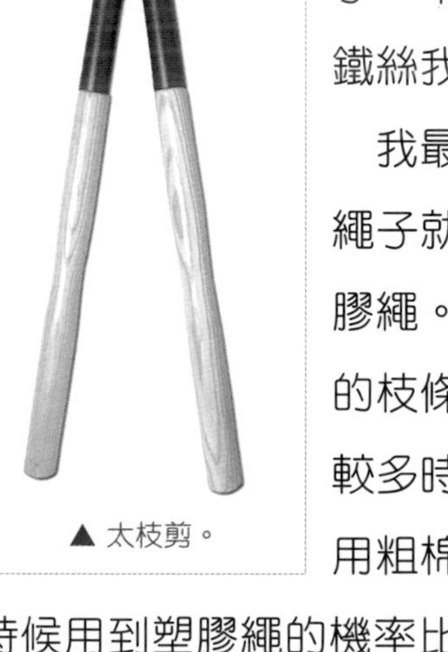
▲ 太枝剪。

繩子

繩子最主要的作用就是將鬆散的枝條綑綁至我們所需要的粗細。例如，一棵樹苗剛種好時，它的樣子通常是散亂的。此時，若我們要製作的是動物造型，便要將離土面上的所有散亂之大小枝條，全部綁成小捆，以免日後做好的腳比身體還粗。

繩子的次要作用是固定造型。有時也可以用一邊帶有鉤子的鐵絲代替繩子，不過有鉤子的鐵絲我比較少用。

我最常用的兩種繩子就是棉繩及塑膠繩。若是要綑綁的枝條比較粗、比較多時，我會選擇用粗棉繩，其餘的時候用到塑膠繩的機率比較高。不管用的是哪種繩，在綁的時候，都要記得不要綁太緊，以免影響枝條的生長。

使用繩子時比較需要注意的事項如下：

第一，等到樹型固定之後，綁上去的繩子最好還是要解掉，日後才不會損傷樹木。也因為將來還要解掉，所以最好是先打活結，以便日後好解開。取下的繩子也可以收起來日後再利用。

第二，在綑綁時，若枝條只有小小的一捆，這個結的繩子通常只要繞一圈即可。如果枝條有一大把，繩子就要繞二圈才打結。打結地方所剩餘的繩子也不要留得太長，以保持美觀。若用到的是會滑的塑膠繩子，在綁緊時無論是繞幾圈，在最後打結時必須多繞一圈才會牢固。

▲ 綁的枝條比較粗或比較多時選擇用粗棉繩。

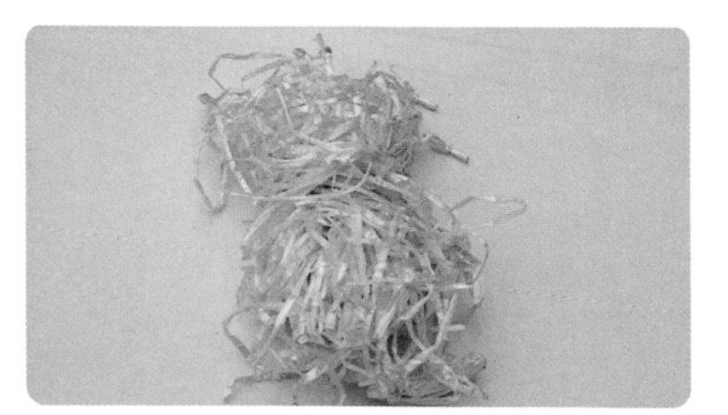
▲ 綁小枝條或比較少的枝條時通常用塑膠繩。

至於繩子的顏色最好跟樹葉顏色相近，以免突兀。

塑膠管

藉著塑膠管，可以把長在甲處的粗芽導引到乙處，還能在原本完美的造型上，增加其他東西，以增加趣味。比喻說，在一個不寬的牆角處，已做好一個大桶。我想再添加東西上去，但又不能多種，正好旁邊有多長出枝粗芽。這時就可藉著塑膠管，把長在別處的粗芽導引到我們想要的位置上，做出正在打架的小貓或小狗。

從塑膠管出來的枝條必定是嫩芽，所以把這枝條先留出一節，再將芽尖處套上一個透明的大吸管，或用繩子及竹竿把新芽尖向下固定，到它再長出來時，就有自然的彎度。還有一點要注意，那就是造型與造型的中間距離要看準，以免日後連在一起。

若想做高處的造型，那枝條就不要修剪，等到直徑有一定高度時，再把多餘的部分剪掉，讓它重新長新芽，利用這些新芽來做飛鳥、蜻蜓。還有很多造型可做，做得不好剪掉再來，九重葛不怕修剪，剪了它很快會再長。請大家多多利用，並且試試看，很好玩的。

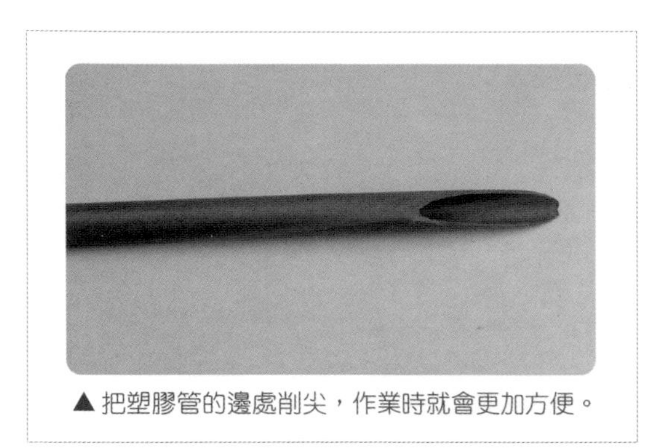

▲ 把塑膠管的邊處削尖，作業時就會更加方便。

鋼筋／鐵絲

支撐及定型是我們使用這一款輔助物的主要理由。

從我會做園藝造型直到現在，我還沒用過任何一種架子來撐住大型動物。因為過去的鋼筋價格昂貴，我捨不得用。後來較普遍的材料是蓋房子用的鋼筋，它的價格便宜，但是很容易生銹。不過，現在不銹鋼已經非常普及，價格也便宜，初學者想要做大型動物，可以去購買不銹鋼條，利用它做架子。只要六支不銹鋼條，就能燒成一隻像馬的支架，然後將要做造型的樹幹及枝條，用繩子把它們和鋼筋綁在一起，就可以做出一個馬的造型。一旦有了鋼架陪襯住，無論是天災或地變，你的造型作品一樣能毫髮無傷，安全渡過。

不過，我不建議用上述的方法，因為這樣做出的造型比較死板。我們只要將鋼條或鐵絲運用在部分所需的地方上，這樣才會比較活潑，不死板，費用上也會比較經濟。例如在做一隻抬起來的手時，我們只要使用一隻彎成手部姿勢造型的鐵絲，然後將枝條綁在該鐵絲上，就可以做出想要的造型，並不一定需要一個完整的人物造型支架。至於手掌的地方，我們就要把一根鋼筋的一端釘入土中，撐住手掌即可。如果找不到鋼筋或鐵絲，也可以用木棍或木條等物取代。

不要忘記鋼筋要配榔頭，不然就釘不入土中。至於鐵絲，那當然就要搭

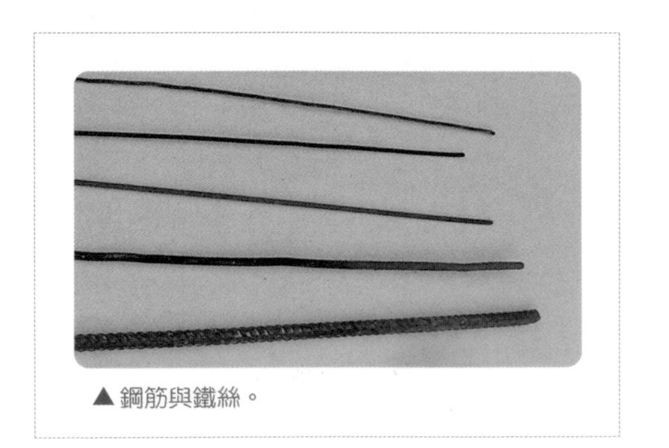

▲ 鋼筋與鐵絲。

配老虎鉗啦！

梯子

除了上述的基本工具之外，你也會需要一把梯子，好讓你可以修剪較高處的枝條。

工具桶

我平常都會把常用的工具放在一個工具桶中，裡面有小剪刀、繩子、榔頭、老虎鉗等。當然，我也會把飲用水，參考用的圖片等等東西都放在一起，這樣工作時就會非常方便。比較不常用的工具，如大榔頭、太枝剪、木棍、粗鐵絲等，我一樣會放在固定的地方，要用時就很方便。

靈活的大腦

不要忘記最重要的一個概念---變通。例如，若要做出中空的造型，可以運用杯子、大碗公、或鍋子等物來幫忙。因此靈活的大腦也是一項不可或缺的工具。

相關手法

在做園藝造型之時，枝條的自然生長方向或分佈狀況有時並不是我們所需要的，因此必須靠一些手法與技巧讓它變成我們所需要的樣子。

改變及固定枝條的方向

要改變枝條的方向，基本上是用輔助物固定的方式來完成。

向上：要讓枝條向上，我們就把枝條綁在鐵條、木條或竹竿等輔助物上，只要輔助物是向上的，枝條就會沿著它向上。

向下：要讓枝條向下時，我們可在枝條上綁上繩子，然後在繩子末端綁上重物，或是將它綁在另一個較低處的物品上。另外，我們也可以用鐵鉤將枝條鉤下來，然後將鉤子的另一端固定。不過，我們不建議您用鐵鉤，因為修剪時，若不小心剪到它，剪刀很容易壞掉。另外，鐵鉤一次只能勾住三~四枝的枝條。

向左右：因為九重葛的枝條比較軟，因此要改變左右方向，只要用手輕輕推動它，慢慢讓它轉方向，然後用繩子固定即可。另外，我們也可以用塑膠管來改變枝條的方向，不過用塑膠管最主要的目的是讓枝條的分佈平均，而不是單單只是改變它的方向。

另外，若是要讓枝條長成一團圓形，可以用洗菜的塑膠盆或是圓形的容器，將枝條從芽尖處蓋住，讓它自然生長，經過一段時間後就可以做出長成一團的枝條。如果這一個容器是透明的就更好了，因為我們可以看到枝條在內的生長狀況。若要讓東西向的枝條變成南北向，或是南北向的枝條變成東西向，則要用「交叉法」。詳細的作法，請見接下來的「交疊、交叉與打辮的手法運用」那一節。

在做改變枝條方向的動作時，要注意不要選枝條在水分充足的時候，否則容易折斷。若真的必須在水分較充足的時候作業，也是可以的，只是一定要加倍的小心。

讓枝條分佈平均

要使枝條能分佈平均，我們最好的幫手就是塑膠管。有時左右兩邊的枝條分佈不均，或是我們需要某一面的枝條能多一些，但它偏偏生的少，此時我們便可以利用塑膠管，改變枝條的方向，進而達到讓枝條分佈平均的狀況。其操作範例如下：

▼ 把塑膠管從後方穿過動物的身體中到頸部上方，然後再把腿邊的枝條穿進塑膠管中。

▼ 枝條已經都穿進塑膠管後，把塑膠管抽出。

▼ 枝條已經從腿邊穿到頸部上方了。

將要轉向的枝條彎出一個弧度，然後將它慢慢、小心地推入一根兩面均削成尖形的塑膠管中，等推到不能再推時，才把塑膠管抽出來，這樣就算大功告成了。若是你所要推入塑膠管中的枝條是新生的枝芽，則要特別小心，以免不小心將它折斷了。用塑膠管可以讓枝葉毫髮無傷的改變生長方向，又可以達成想要的目的，算是一個兩全其美的方法。

請注意，塑膠管最好是兩端都削成尖形。因為這樣一來，枝條要穿進管內及拉出管外都比較容易。除此之外，前端削尖的塑膠管，也能很方便的在密集的枝條中穿梭，沒有阻礙。

交疊、交叉與打辮的手法運用

交疊法：讓左邊的枝條往右方彎，讓右邊的枝條往左彎，然後將它們卡在一起，或綁在一起，這樣的手法，我稱之為交疊法。交疊的目的是要枝條因為交疊在一起，而讓該造型處達到穩固的作用，而這一個手法通常運用在腹部的地方。

要注意的是，運用這種作法來完成腹部之時，要一層一層的由下往上做。千萬不可先做上層再做下層，若先做了上層，然後再做下層，那樣後來才做的下層枝葉會因上層枝葉的阻礙，而變黃或枯落。另外，我們只要將最下層的枝條綁在一起，中間的枝條並不需要綁在一起，只要確定它們有卡在一起即可。

▲兩枝（或兩把）枝條還未疊在一起。

▲疊在一起後，若有刺可將枝條互相卡住，若無刺則用繩子綁起來。

交叉法：這一方式不但可以改變枝條方向，也可以讓細窄的造型因為變成橫向而更加寬大。這一個手法，通常運用在細瘦的頸部要轉寬大的頭部之際。交叉法是將兩枝（或是兩把）枝條疊在一起，然後將上方的往下彎，接著繞過下方的枝條，然後稍微用力拉一下。這樣一來，枝條的方向就會從由上的方向變成橫向。另外，因為交叉拉過後的枝條會呈現十字型，面積比較大，因此頭部也可以很快的成形。

▲把兩枝（或兩把）枝條疊在一起。

▲把其中一個枝條往下彎。

▲繞過後的樣子。

打辮法：通常運用在花瓶口之處，可以增加造型的可看性及使造型處更加穩定。至於其作法，可以將三枝（或是三把）枝條運用打辮子的方式做出其造型（圖A）。也可以將兩枝（或是二把）枝條用旋轉的方式結合在一起（圖B），若用這一種方式，要記得在枝條上方用繩子綁起來，以免鬆開。日後，若有第三枝（或是第三把）枝條，可將第三枝（或是第三把）枝條旋轉在其上（圖C）。

打辮法示意圖

圖A
將三枝（或是三把）枝條做成辮子的造型。

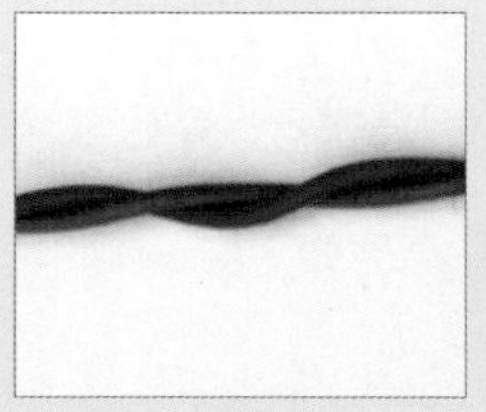

圖B
將兩枝（或是二把）枝條旋轉在一起的樣子。

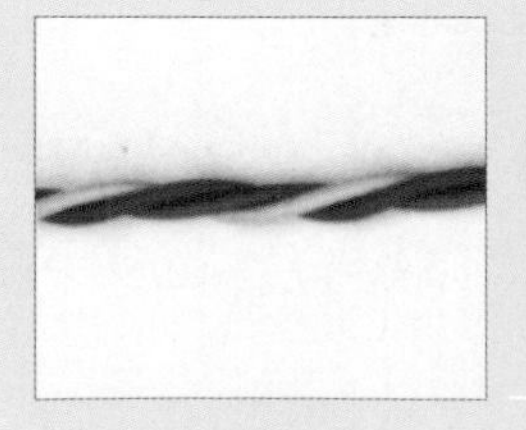

圖C
將三枝（或是三把）枝條旋轉在一起的樣子。

動物造型的基本作法

先計畫再動作

在未正式栽種植物之前，就要先大約知道將來做出來的造型會是甚麼樣子。例如，在製作動物的雙腳方面，你就要知道兩隻腳大小比例必須差不多才會好看，因此在選枝幹時，就要選成雙成對，大小不會相差太多的枝幹作為前腳或後腳。

▲臺安醫院一隅。

不論在選擇種植地、種植植株等方面，各位在動作前也一定要儘量小心仔細，因為一時疏忽的話，後續的工作會變得比較多、比較麻煩，有時甚至會做不出原定的樣子。總之，在行動之前，就一定要「深謀遠慮」，才不至於日後麻煩或後悔。

栽種九重葛

在栽種九重葛之前，就要先想好將來要做的成品大概會有多大，高度寬度又會如何。知道大概的尺寸之後，就可以判斷每棵九重葛之間的位置該有多寬。至於在挖種九重葛的同時，它要比九重葛的根部來得大與深，以免當樹根種不下去時，又要將樹根重新挖出來，然後再種一遍。除了多花工外，又拖又拉也容易使九重葛受到傷害。栽種時要將所有的根全部埋入土中。若是沒有根，洞下面的部分則要埋深一點，至少要到種完後不會搖動的深度，最好再加上輔助的固定物，如木棍、鋼筋等。

製作各種不同的腳步形狀

在做所有的動物造型之前，我們應該先製作腳步的形狀。以下就是幾種常見的腳步形狀。

1．立正型：動物的四腳全部落

地，站姿若要挺直，作為四隻腳的枝幹就要整齊。請記得，日後若做到頭部的部分時，要將頭部抬高，做出遠眺前方的樣子，這樣才會好看。

2．開步走型：這是指有三隻腳落地，另一隻腳正抬起來要往前邁。我們只要種三枝枝幹，就可完成三腳落地的樣子。至於抬起來的那一隻，日後從身體那邊將枝條拉一些過來，綁成一隻彎曲的腳的形狀即可。而這一隻抬起的腳是在前或在後都沒有關係，做出來的效果一樣好看。

3．站立休息型：除了躺在地上休息外，動物在站著時也會將站立姿勢稍微改變一下以達到休息的效果，通常是一後腳向前跨出一步，變成有點傾斜的樣子。因此我們在做準備工作時，就要找出一棵中間有彎曲的，也需要長一點、粗一點的枝幹來作為後腳休息時的樣子。

在栽種要作為四隻腳的枝幹時，要注意兩腳要向左右略為傾斜及分開，寬度要比身體大，這樣才站得穩。至於要讓它呈平站或一前一後的姿勢都行，最要緊的是，身體和腳的比例要儘量分配得宜。

各種不同的腳步形狀

▲立正型。

▲開步走型。

▲站立休息型。

前腳與後腳的區別

很多動物都是四隻腳，而前腳及後腳會略有不同。普遍說起來，後腳會比前腳來的粗及長。因此選種腳的枝幹時，就要找中間有彎曲、粗一點和長一點的枝幹來作為後腳，另找一對稍微小和短一點的來作為前腳。

▼後腳通常比前腳胖及長，而四隻腳也向左右二邊略為傾斜。

製作小腿與大腿

1．腳踝部分：關於腳的部分，無論我們要做出甚麼樣的腳步姿勢，都要在種好之後，綁上繩子好讓足跟的部分往上縮小（綁第一回）。通常會有一些枝條（側芽）從足踝上長出，若有必要留下的，就將它與主幹綁在一起。若作為腳的枝幹部分本來就夠粗的話，就將多長出來的部分剪除，讓整體造型保持預計的大小。

2．小腿與大腿部分：當小腿部分已經長到我們要的長度之後，我們就要開始進入大腿製作的部分。小腿與大腿的區別重點就在膝蓋。膝蓋一般有兩種呈現形式，一種是直的(例如，大象的膝蓋)，另一種則是彎曲的。在做彎曲的膝蓋時，要在膝蓋的上下端各綁上一回（綁第二回與第三回），好讓膝蓋的形狀可以被顯現出來。除了要用綁的方式做出要的形狀外，這時也可善用輔助的固定物將它定型。來到大腿之處時，就要將它慢慢放鬆，好讓腳部分的造型呈現出合適的比例。

3．大腿部分與腹部的交接處：在大腿長度長到合適的位置之後，我們就要將每一隻大腿之上的枝條都分別綑綁在一起（綁第四回）。然後等這些綁好的枝條又再往上長十~三十公分後，再綁上一次（綁第五回）。至於該留十公分或三十公分，則要依照造型的大小決定。請特別注意，前腳部分的枝條長度則要比後腳的部分稍短一些。

在第五回綁好之後，我們就要將後腿之上的枝條往前面的方向推，將前腿部分的枝條往後面推，並且讓這些前面與後面的枝條交疊在一起，這樣一來，腹部的底層就成型了。請注意，前腿上方的枝條，只要用五分之四來做腹部即可。因為我們要用其餘的五分之一來做胸部。

製作腹部

到目前為止，其實我們已經將腹部的底層形狀做出來了。現在我們就要來完成一個完整的腹部造型。

▲腹部一定要略為下彎才會生動。

要製作完整的腹部造型，只要將陸續生長出的枝條，運用做腹部底層的方法一層一層放平，每層做交疊，先用繩子做暫時性的固定，下次要加進新枝條時，就可以將繩子解開，接著將所要的枝條加進去後再綁起來；要呈現出較寬的地方，就放鬆一點、綁少一點的枝條，等到滿意之後，再將繩子解開即可。等綁到我們要的厚度即可完成腹部部分。

有一點需要特別注意的是，當我們將枝條往前或往後推的同時，也要將它們同時向下方壓，因為這樣才會在大腿與腹部的交接處出現向下彎曲的弧度。若沒有這個弧度，整體看起來就會像一塊平平的磚頭立在那裏。

製作腹部造型時還要記住：要紮實，不要內空外密，下層要有一點彎的弧度。只要把握上述的原則，要做出漂亮又結實的腹部造型就很容易了。

製作身體和脖子

現在要來談身體的製作部分。在此的身體是指腹部上方的部分。身體的作法其實是腹部作法的延伸，只要將枝條一層一層往上加即可。如同下腹部要向下彎的道理一樣，我們要將身體的上方也做出略為拱起或下凹的弧度，這樣才會漂亮。

▲ 身體背部要做出弧度，頭部粗細也要拿捏得當。

當身體部分已經長到一半時，就可以留一些枝條來做脖子。起初也是綁數枝枝條（有多少就綁多少），等慢慢增加到一定的程度時，再用繩子做固定。脖子千萬不可太粗，長度比例也要抓好。粗細長度弄好後，頭部的地方就要放大。

製作頭部與耳朵

凡是長度超過脖子的枝條，都要用來作為頭的部分。先在頭與頸部交界綁緊。再長出來的部分也一樣要綁緊，這部分是要用來做嘴和下巴。然後，我們要來做嘴部的上唇部分及頭頂上的部分。

我們可以用推壓的方式，使它如同麵團發酵一般，裏面鬆鬆的（但不是空心）。下層保持原狀，只在上層的地方把一部分長的地方放鬆，形成彎曲。把眼睛的前方再綁緊，慢慢尖下來到嘴上唇之處，然後再綁一次嘴，形狀就出來了。至於耳朵部分，則是要等整個頭做到一定的份量之後才做。

我們在眼睛的後方左右各留幾枝枝條，然後將它們綁成一束。至於要做成大耳朵或是小耳朵，就看個人喜好與整體比例來決定。

在頭部轉頭

▲ 眼睛、鼻子等比較細微之處，用剪刀慢慢修剪所要的感覺。

的部分，讀者可以應用之前提過的「交叉法」，以便加快速度。

製作雙角

▲ 雙角的製作通常要運用到鐵絲。

雙角的製作與耳朵的製作不同。耳朵是單靠修剪出來的，但是雙角的製作則通常需要另外運用鐵絲的幫忙，才能製作的出來。

角的部分，無論是大角或小角，是先用鐵絲彎出自己喜好的角度，然後插進作品的頭上固定好。再來則是抓幾枝長在鐵絲旁的小枝條，將它們和鐵線綁在一起即可。當然，日後還是要常常做修剪的動作，才能將作品保持在美妙的狀態。從角根到角尖最少要綁三處，長角的話可能要綁四～五處。

在準備鐵絲時，我們有兩點注意事項要特別提醒初學者。第一點，一定要將插入頭上部分的長度考量進去。很多人因為沒有將這一段長度考量進去，然後又懶得重新再準備一次鐵絲，因此便將就著使用。到最後做出來的雙角通常都有過短的現象。第二點，因為角本身也有厚度，若鐵絲放在頭上後的比例看起來與整體作品很合，那麼等雙角真的完成後，可能也會有略為嫌短的狀況發生。

半天可做出一隻長頸鹿

如果有四棵高度六公尺左右，枝幹

▲ 若九重葛長度夠，則可快速製作出一隻長頸鹿。

又長又細的九重葛，且經簡單的處理過，加上一付簡單的架子，要在半天之內完成一隻長頸鹿的造型是沒有問題的。（需要架子的原因在於，材料又細又長，必定是不太堅硬，所以需要一付簡單的架子幫襯住才不會變形。）四隻腳的造型要花去半小時，共有十六處要固定。另用半小時做腹部底層。身體的部分則約莫需要花上兩小時。頸部半小時，至於頭部的地方，因為比較麻煩，所以要花上一小時。只要材料部分不出問題，半天完成一隻長頸鹿不會太困難。若是牛、大象或大恐龍這些動物時間則會略長一些。以做一隻牛為例，它的體型大，加上兩隻角，這就要花上不少時間去調整。若要再做出牛背上的牧童或飛鳥，那就更花時間了。至於大象的話，因為要做出長鼻子與大耳朵，半天則是不夠的。

樹的「原形」與「造型」

我們在替九重葛做造型前，最好先觀察它的原形，然後才去判斷這一棵九重葛適合做成何種造型。善用樹木的原形，就能用比較少的時間做出想要的作品。以下就是我個人的心得，提供給讀者參考。

▲這一棵樹身彎曲的九重葛，是做龍造型的極佳素材。

樹身有彎曲的九重葛

樹身有彎曲且彎曲度適中的九重葛很適合做龍。龍的造型變化可以有很多種，而且也很容易表現。只要略加巧思，不管是直躺、橫臥或要飛上青天的龍，都可以有不錯的造型表現。

大棵的九重葛

若有大棵的九重葛，則很適合做猴子家族。有些猴子在跳舞，有些在吃飯，另外有一些則在玩耍、吊鞦韆等等。我曾經在南投的三育基督學院做出這樣的作品。讓我自己最得意的是，十隻各有造型的猴子，可全都是由同一棵九重葛做出來的。

大棵的九重葛都有一個比較老的樹頭。老樹頭因體積大，看起來就很有份量的感覺，而老樹頭也有發芽旺、生長快、壯觀，且容易做出造型物等優點。而老樹頭用來做矮花瓶也很適合，因中間的樹幹粗，只在一棵之上就能做出不少造型。

▼這十隻各有造型的猴子，可全都是由同一棵九重葛做出來的。

這棵大九重葛初剪開時的樣子。
造型做了一年之後的半成品。
二年之後完成的造型。

另外，利用接枝的方法來替老樹頭找到新生命也很棒。把各種鮮艷的花種接上去，應該可以做出很特別的造型出來。

比較矮的九重葛

若是比較矮的九重葛，也有它的表現法。我們可以將矮的九重葛做成一個大水缸，缸邊有一隻貓正想偷抓裏面的魚來大快朵頤一番。貓的雙腳踩在水缸上，嘴上叼著一隻魚，而缸外還有一隻掉在地上的魚。

每棵樹的生長過程都不一樣，我們可視其各樣變化，隨時做造型的改變或設計。只要用心，每一棵九重葛都可以有適合的造型表現。

想法的來源

若是有一個相同的主題（如長頸鹿），體型高低胖瘦不同，多做幾個，東邊擺幾隻，西邊擺幾隻，加上一些動作變化，那就能成為一個正在表演的節目，或是一幅生動的圖畫。說真的，可以做的主題太多了，只要有想法，不怕沒東西做。

▼平日收集各種小玩具，要做造型物時就可以派上用場。

我手邊有很多書，這些書中呈現的圖畫，有的也很有造型，只要將它們編成有主題的故事，也可以做成又可愛又有趣的園藝造景。

其實，美麗的造型四處都有。在水面上倒一點油，然後攪動它，這樣便會呈現出千變萬化的效果。你認真看過天上的雲嗎？它有時比動物園裏的動物更顯出生動活潑的氣息。其實，生活中的美景太多，用心去想想，然後將那樣的一份巧思放在園藝中，你會發現作品是真的多到做不完。

無論從大自然中，報章雜誌裏，或內心抽象的畫面，皆可做為修剪時的造型選擇之參考。甚至可以將各類造型集合，經過規劃的排列，編織成藝術畫或生動的場景，以供人欣賞。

舉個例子來說，我們大部分人都會唱的歌謠也可以做成造型物。以下我舉「天烏烏欲落雨」這一首台語歌謠為例，讓大家知道只要有想法就可以將它具體呈現：

1．先找出一棵美麗又高大的樹，在樹梢上修剪成三朵大小不同的雲。

2．再用數支細條鋼絲，勾住雲中比較粗的枝條，從上而下垂，當做雨水。

3．樹下附近有一農夫，肩扛鋤頭要去挖芋頭。

4．過去一點的那邊，另有一人雙手握住鋤頭，已經挖出一條泥鰍王，牠一半在竹籃裏，還有一半伸到籃子外想要偷跑。

5．再來就是阿公手握拳頭，抬起握拳的右手，準備向阿媽打下去。阿媽也不認輸手，舉煎匙向著阿公的頭準備打下去。

6．打架完了彼此笑瞇瞇認錯，一同合煎泥鰍王快樂享用。

▲構想草圖之一。

地形與造型的搭配

在各種不同的地形處，可做不同種類的造型作品，以達相得益彰之效。地形深遠之處，就要做大型的東西；若是近處則以小造型或小動物為佳；平坦之地，則可做有故事性或動作性的造型；斜坡地就以有銜接性或故事性的作品為佳，例如螞蟻抬大餅，因為我們可以藉由每隻主角表現出不同個性出來。

平地處

平地是最容易做造型物之處。因為是平地，可以做各種動物群，如羊群、牛群等等。而每一種動物可以延伸做出不同造型。以牛為例，我們可以做牧童在牛背上吹笛子、用牛角在打架的牛、人鬥牛、對牛彈琴、牛與鷺鷥，或是可愛的犀牛等。

▼在這一塊平地上，一共有三十二隻羊喔！

坡地處

因為是坡地，因此可以做有人使勁在拉著牛而非常勞累的樣子。牛車上裝滿貨物，後頭有幾個人在使勁推著。牛很累，推的人也很累，因此後頭有一個人已經停了下來，正一手拿斗笠搧風，一手則在擦汗。

高低不平之處

若地形上屬高低不平之勢，那我希望可以做以獅子為主題的造型，例如獅子家族、小鬼舞金獅、休憩中的獅隊、在散步的獅子，或在岩石上休息的獅子等等。

山谷處

因為有山又有谷，且用各種不同的造型來美化襯托環境，那可真算是人間的小天國。在這小天國裏，肚子餓的長頸鹿伸出長長的脖子在吃樹葉，小鹿則橫著身體在吸奶。媽媽也彎著脖子，用舌頭舔小鹿的肚子。老鹿則張開前腳，頭低尾翹的在喝著溪水，有的則在角力比輸贏。

小小的地塊

小小的地塊則做小動物，例如兔子。因為它小小的，很可愛，做造型很討喜。雖然兔子的變化比較小，但是可以做幾隻圍在一起吃青菜，說著悄悄話。另外，也可以做出或躺或臥的人身兔子頭造型。

深遠廣闊的地形

在這種地方上，一定要做大型的動物，如牛、馬、長頸鹿等等。若做小型動物，不易被人注意到。

樹下及竹林下

在樹下或竹林下，最好的呈現作品就是母雞帶著小雞仔在覓食的造型了。另外，做鵝或貓等家禽也是不錯的選擇。因為這些作品都可以呈現出祥和恬靜的生活氣息。

有巨石的地方

若有巨石也可以好好利用，可以做出躲在石頭後面，露出一半身體的動物。或者，可以做出在石頭上曬著太陽的烏龜或蝸牛等等。

造型的練習操作▶插滿彩色花的花瓶

零星枝條的運用

若是有一些零零星星、較次等的樹苗，不要輕易將它們丟棄。只要還能種的活，就將三或五枝種在一起，然後利用它們來做出花瓶的造型。

俗語說，「人無千日好，花無百日紅」，但我們卻可以利用九重葛，做出天天開，甚至還會開出雙色，永不凋謝的花，不錯吧！如果你想做出這樣的花朵，就跟著我的步驟做吧！

花瓶的第一步驟：製作瓶身

首先，請先準備彩色葉的樹苗兩棵，本土種的老樹頭一棵。需要用到不同品種的原因在於，本土種的九重葛生長較快，枝葉也較茂密，但其葉片只有單一種顏色。至於彩色葉的品種，生長速度比較慢，枝葉較稀疏，但其葉片顏色卻比較豐富。用這兩種搭配來做彩色花瓶，可以節省成形時間，也可以同時達到色彩變化的好處。

我們把兩株彩色葉品種及一株本土種的九重葛種在一起（本土種種在中間），然後將它們用繩子綁起來，以免散開。至於它們之間的距離，大約

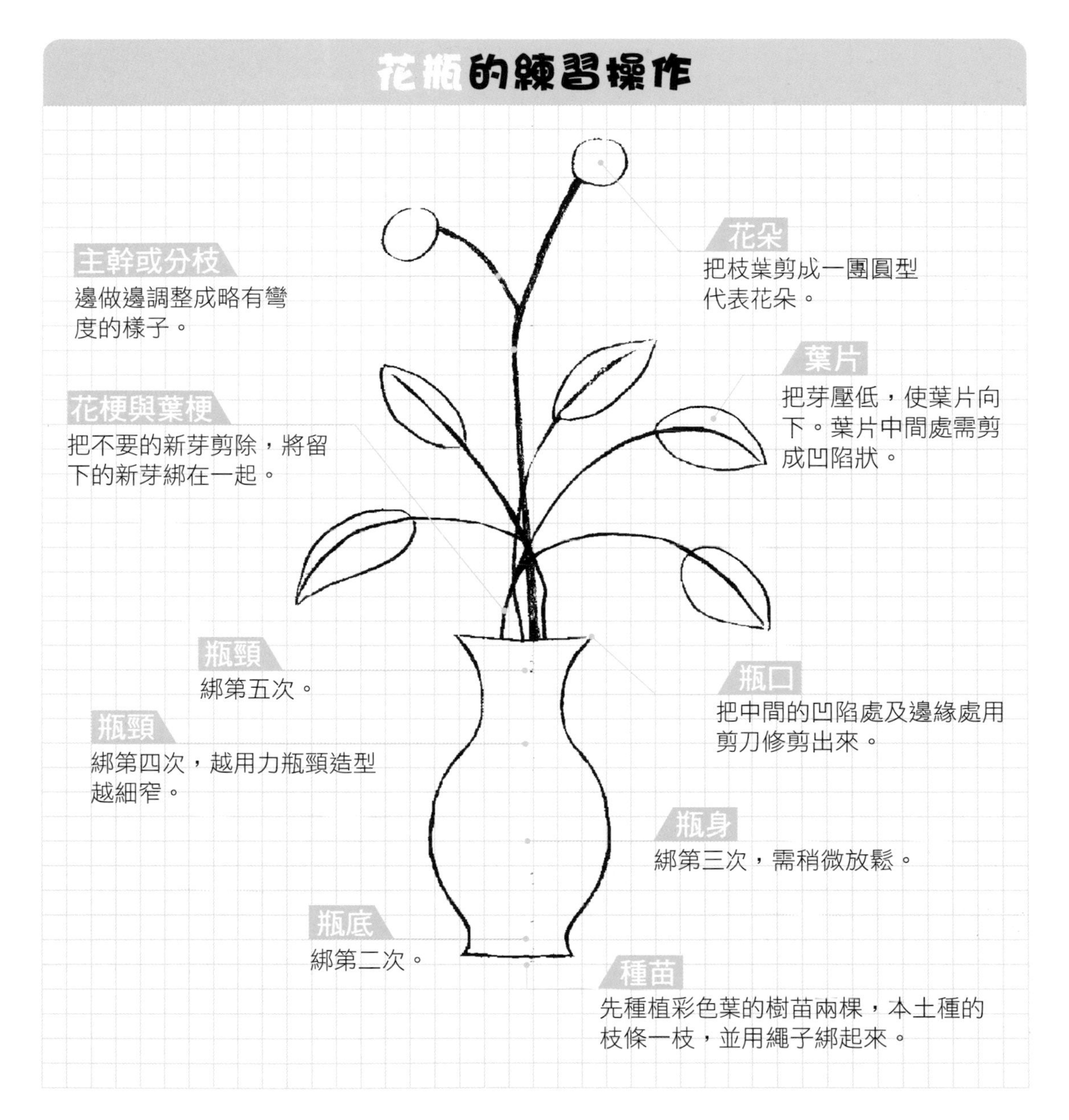
花瓶的練習操作
花朵
把枝葉剪成一團圓型
代表花朵。
主幹或分枝
邊做邊調整成略有彎
度的樣子。
葉片
把芽壓低，使葉片向
下。葉片中間處需剪
成凹陷狀。
花梗與葉梗
把不要的新芽剪除，將留
下的新芽綁在一起。
瓶頸
綁第五次。
瓶口
把中間的凹陷處及邊緣處用
剪刀修剪出來。
瓶頸
綁第四次，越用力瓶頸造型
越細窄。
瓶身
綁第三次，需稍微放鬆。
瓶底
綁第二次。
種苗
先種植彩色葉的樹苗兩棵，本土種的
枝條一枝，並用繩子綁起來。

只要10到30公分即可。

在花瓶底部與瓶身的交界處我們要綁第二次。然後在花瓶的中間再綁第三次，但在綁第三次時要放鬆許多，這樣才能呈現出瓶身的寬度。在花瓶的頸部部分，我們就要綁第四次了，以便做出瓶身與瓶頸處的弧度，若要做出較窄的瓶頸則要多用點力去綁它。瓶頸的長度則依自己的喜好決定，等到決定後，就要在瓶頸的上部再綁上第五次。現在我們已經到了瓶口處，瓶口的邊緣處要薄，也要比瓶

▼不同的花瓶造型。

頸處略寬，而這是靠每次修剪時，一次留一些枝條，慢慢修剪出來的。至於瓶口中間的凹陷處也是靠剪刀慢慢剪出來的。中間的凹陷處一定要剪出來，不然平平的瓶口比較死板。

花瓶的第二步驟：製作花梗與葉梗

現在我們要來製作花瓶之上的花梗與葉梗。在這個階段有兩個主要的動作要處理，第一個要做的動作是將不要的新芽剪除，再來就是將留下的新芽集中在一起。

第一：剪除新芽。當有粗有細的嫩芽從瓶口上探出頭來時，較粗的要留下來，其他的細芽則將它剪除，而這些較粗的枝芽就是要作為花梗或葉梗。在判斷要留哪些枝芽的時候，我們要注意看新芽是從哪一株冒上來的，因為同樣的品種多了不好，少了也不對。最好就是每一種顏色的花都有，所以我們一開始就將有顏色的花株種在外層，這樣最容易辨認。沒長的部分，則要靜待時間的魔力。只要時間一到，花兒自然就開放了。不過這時要注意比較瘦弱的枝幹的生長情形，因為「大吃小」的狀況一樣可能會發生在植物身上，當這種狀況發生時，小的部分就會被擠死。每一枝單獨的小枝條就表示它是一種品種，若被擠死便會少掉一個顏色。所以我們要注意小枝條旁邊的空間若太擠，就把妨礙到它的部分剪掉。

第二：綑綁新芽。現在我們要將在瓶口上所長出的不同顏色的粗芽，抓住二～五枝，輕輕地把它綁成一束一束，然後將它們集中在瓶口中間，越集中越好。等到集中到理想的位置時，然後將它們綁在一起。要把它們綁在一起時可以用第三章「相關手法」中的打辮法來處理。為何要集中呢？因為我們將花插在花瓶中時，靠近瓶口處的枝梗確實也是集中在一起的，若是不將它們集中，任它們分散在瓶口上的話，最後呈現出的效果便會不夠美麗。

花瓶的第三步驟：製作葉片及花朵

當主要的新芽每長高一段，就要從其上再分出一枝新芽，然後把這一枝分出的新芽壓低向下。一枝壓低的新芽慢慢長大後，經過處理就是一片葉子的造型。壓低後可以藉由繩子或鐵絲來固定造型，以免日後的方向又變成朝上。

▼最底層的葉子要比較寬。

在分出的枝條上處理出葉子後，再長新枝條就再分新葉子。在修剪這些葉片時，葉片的中心部分要剪成略為往下陷的樣子，這樣才會生動。

只要將這些分出的枝芽都修剪成樹葉狀後，再加上二三色不同的花朵，這樣的效果就算是賞心悅目的。至於花朵的作法，只要將枝葉修剪成一團的圓形或橢圓形即可代表花朵。要注意的是，主幹或分枝最好有彎曲的弧度出現。枝幹有弧度，其美感價值自然就不同。

若整體過於擁擠時也不太雅觀。因此，葉與葉的空間不要太密，而底下的一層要比上一層更寬。最上面的枝條也可以稍微留長一點，讓整體感覺比較修長一些，在比較低層的地方我們儘量都做葉子。最高之處再做幾朵含苞待放的花蕾或盛開的花朵。通常我們都做二朵或三朵花。我比較喜歡做三朵花，而這三朵花之間的空間若是呈現三角形，這樣做起來會最好看。

若有二三朵顏色不同的花，和六七片各種不同品種去剪成的樹葉，應該可以算的上是世上最有特色的花朵之一了吧！

▲在瓶身上的其他造型，作品／跳躍。

瓶身上方的其他變化

在瓶身上面除了可以做出葉片及花朵的造型外，我們也可以在瓶身上面做出動物或人的造型。

現在，我們要先在瓶口上的前後或左右留出粗芽，然後將它分成兩束綁成辮子狀後壓斜。若此兩束辮子有分出前後，將來就會變成在跑步的樣子；而此兩束辮子若是分開平站的則是要做出往下跳的動作。

在未動手去做之前，自己先站好擺個姿勢，看看怎樣的腳步最合你的意。合意之後，就照那個樣子去做出那樣的腳步姿勢。

將長出瓶口的粗芽儘量拉近，分別綁成兩束作為腳跟。等到它漸長到膝蓋時，再綁第二回，然後來到膝蓋的轉彎處，再綁第三回。等到它繼續長到大腿和臀部之間，再綁腿部的最後一次，但不要綁太緊。

從腳跟到膝蓋這一段，要向前推；而從膝蓋至臀部這一段，則要向後壓。這時就要用鋼條或竹竿等物來做固定。等固定好了之後，就成了「く」字型。這時要在下腹部的地方將兩束抓來綁成一大把。因為腰部的地方要瘦，所以再綁一回，來到胸部時就要再放鬆。然後到了肩膀下，要綁上另一回。

再長出一大節之後，就要做肩膀。在此要分為三部分，先預留中間的四分之二做脖子。而中間兩邊各留下的四分之一，則是要做出左右手。在肩膀上綁一回，脖子的上下也各綁一回。超出脖子的部分的枝條則要分成兩把，然後將此兩把枝條互相打一個叉，讓枝條的形狀由直向變成橫向。然後利用已變成橫向的枝條做出頭部來。

至於手肘的彎曲部分，則要用繩子等外物來調整及定型。而做手的方法與上面做腳的方法大同小異。

頭的部分是利用「多餘」的枝條做出來的。將之前沒有綁到的枝條挑出來，然後在比脖子略高的地方做交叉，這樣就不會往上長，又會長寬。首次用到的枝條不多，全靠後續加進來的枝條「撐場面」。至於臉要圓、要長或要扁，全看個人喜好跟技術。

至於耳朵要怎樣做呢？只要在眼睛的後方各留兩小束，先綁後剪，只留出一點。之後再慢慢留，慢慢修剪即可。

這人的胖瘦高矮並不重要，不過下巴部分一定要明顯，這樣才會有型。當然你也可以用同樣的方法做出兩個在打架的人，或單獨一人想從上往下跳的造型。

無論是轉彎、放大或縮小，都靠繩子來加以變形，也就是說，如果要寬大一點的部分，繩子就不要綁那麼緊；若要細窄一些，繩子就綁緊一些。

一般說來，我們用的繩子有3～4種顏色。我都是用白色的那一種，因為它比較不容易腐爛。至於在綁新芽時，要記住，一段時間後就要將它解開，因為新芽很快會長粗，所以綁上之後要解開，以免樹幹受到傷害。至於解開後的繩子，先不急著丟棄，以後還可以用。

▲在瓶口上略加變化也很有樂趣。

造型的練習操作▶大象

製作大象的四隻腳

在製作一隻大象造型時，我們當然還是要先從四隻腳開始做起。請先找到四株要作為象腳的樹苗來栽種。此時要注意的是，作為後腳的樹苗必須比前腳的樹苗粗長。而在種植時，後腳中間的距離也必須比前腳中間的距離寬。

四棵樹苗都栽種好後，我們就要開始做綑綁的動作。依照前一章所學到的方式，將腳的部分綁上四回，也就是腳踝綁一回，膝蓋下方綁一回，大腿與肚子交界處綁一回，以及在大腿上部再綁上一回。這四回綁完後，象腳的形狀就出來了。

在做動物的腳時，我們通常需要在膝蓋上方也綁上一回，以強調出膝蓋的弧度。但是大象的膝蓋處本身就不明顯，因此此段不綁，這樣比較接近真實胖嘟嘟的象腿形狀。而大腿上部的地方一定要綁，而且要綁的用力一些，才能將該處又深又大的弧度表現出來。

耳朵

在耳朵根部各綁三～五枝的枝條當成雛型，之後慢慢修剪出耳朵形狀。

象鼻

將臉部部分往前長的枝條用來做象鼻。

象牙

將「U」字型的鐵絲插入象頭內，將象牙處的鐵絲上彎並將枝條綁在其上。

製作大象的身體

▼作品／大象。

四隻腳完成之後，就要進行大象的身體製作。我們將前腳上方長出的枝條的四分之三往後壓，而後腳上方長出的枝條的四分之三則往前壓。然後利用第三章學到的交疊方式將枝條互相結合在一起，好讓整個腹部的地方

大象的練習操作

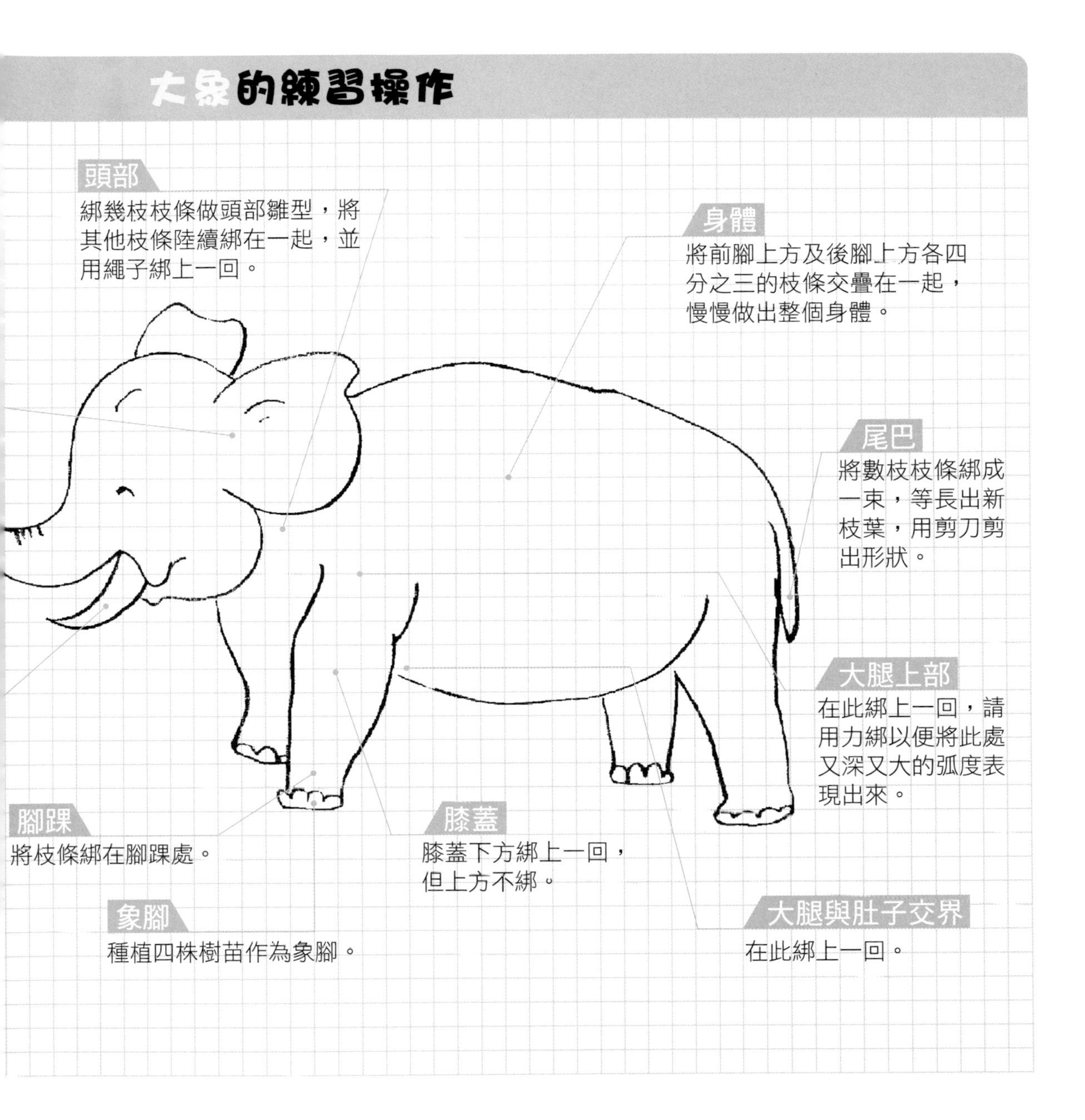
頭部
綁幾枝枝條做頭部雛型，將其他枝條陸續綁在一起，並用繩子綁上一回。
身體
將前腳上方及後腳上方各四分之三的枝條交疊在一起，慢慢做出整個身體。
尾巴
將數枝枝條綁成一束，等長出新枝葉，用剪刀剪出形狀。
大腿上部
在此綁上一回，請用力綁以便將此處又深又大的弧度表現出來。
腳踝
將枝條綁在腳踝處。
膝蓋
膝蓋下方綁上一回，但上方不綁。
象腳
種植四株樹苗作為象腳。
大腿與肚子交界
在此綁上一回。

更穩固。

我們在後腳上方預留了四分之一的枝條，我們要等到這四分之一又長出新的枝芽時，再將其四分之三往前壓做成肚腹的一部分。以上動作必須一直重複，一層一層往上加，直到背部做出來為止。

不將枝條全部一次往前壓的最主要目的是要取其弧度。當然，我們也可以在第一次就將全部（四分之四）往前壓，只是最後成品後面的弧度就會比較死板，感覺比較不順暢。

製作大象的尾巴

只要身體部分一完成即可製作尾巴。製作的方式是選數枝枝條將它綁成一束，然後等它長出新的枝葉，再用剪刀剪出形狀即可。因為大象的尾巴比較短，所以不太需要用到鐵絲來塑型。

製作大象的頭部與頸部

我們在前腳上方預留四分之一的枝條，其中有一部分就是要用來做成大象的頭部。這四分之一又長出新枝芽之時，我們就要把其中的一大部分往後推，做成肚腹的一部分。而剩下的一小部分，我們就要將它綁成一束，當成頭部的雛型。而從腳後方往前推擠做成肚腹的枝條，當然也會繼續往前方長，這些往前長的枝條也可以當成頭部的部分。等到這些枝條可以綁成一定寬度時（可以成為象臉的寬度），我們就可以準備用小枝條做耳朵，用大枝條做象鼻了。

因為大象的身體比較大，所以要先以製作大象的身體為優先，這樣才能節省作業時間。這就是為什麼我們剛剛說一大部分用來做肚腹，一小部分用來做頭部雛型的原因。

另外，要提醒大家的一點是，在頸身交接處一定要用繩子再綁上一回，以便強調出頭部的弧度。

製作大象的耳朵

剛剛我們提到，等到前方枝條長到一定寬度的時候，我們就可以準備做耳朵了。首先，我們要在左右比較下方處用三～五枝的小枝條綁成一束，然後在其上方處一樣用三～五枝的小枝條綁成一束。請注意，兩束之間的距離就是兩耳根部的距離。

綁好之後，我們就有四束（左右各兩束）要作為耳朵的小枝條。這時，請拿起你的剪刀將此四束枝條都剪成十公分左右的長度，待這個動作完成之後，我們就有耳朵的基本雛形。接下來，我們只要等新枝芽陸續長出，然後採用修剪的方式剪出耳朵的形狀即可。

製作大象的鼻子

在臉部部分往前長的枝條，我們就要用來做象鼻。若要做垂直的象鼻，我們只要用綁的方式即可。若要做彎曲的象鼻，除了用綁的方式之外，也要運用鐵絲來做塑型的輔助工具。

做象鼻時，需要特別注意鼻子的粗細及長度。鼻子的形狀一定要由粗慢慢變細，而最粗之處大約與腳的粗細一樣即可。好看的象鼻長度則要約略等同於身高（從腳底到頭頂）的高度。若整個象鼻從頭到尾的粗細都一樣，或者整體長度過短（或過長），這樣都會影響美觀性。

製作大象的象牙

在製作象鼻時，我們也可以同時來製作象牙。我們要將一條鐵絲彎成「U」字的形狀，然後將它插入象頭內（從頭部後方插入）。U字的兩邊就是要固定象牙的輔助物，因此這兩邊的鐵絲可以略向上方彎曲，屆時將枝條綁在其上，就可以做出微微向上彎曲的象牙了。在做象牙時，輔助的鐵絲不要太細，以免象牙搖擺不穩。

好啦！現在一隻完整的象已經完成了。不用餵它吃香蕉或餅乾，只要定期的修剪，我們就可以一直有一隻可愛的大象朋友了。

造型的練習操作▶孔雀

製作孔雀的雙腳

首先，我們要取得兩株表皮色澤光亮、粗壯結實的健康樹苗。取得樹苗之後，就要開始想我們要的孔雀造型大小。

若是想要將孔雀造型做的大一些，則要將兩枝樹苗分開一些種，若是想要一隻小一點的孔雀，則要將樹苗種近一些。現在我們要來做一隻總身高約一百三十五公分的孔雀，兩枝樹苗之間的距離約二十公分左右。

製作孔雀的前身

將樹苗種好後，等它長出一定的枝芽之後，我們就可以接著準備製作孔雀的前身。其作法為：先彎好一條具有腹部、胸部、脖子、嘴巴與頭部形狀的鐵絲，然後將這一條鐵絲插入兩

▲作品／孔雀。

彎，右邊枝條往左彎，讓它們卡在一起，就可以漸漸做出立體的身體了。若單單將枝條綁在鐵絲上，我們便會做出一隻扁平，而不是一隻立體的孔雀。

製作孔雀的嘴部、頭部

當枝條長到脖子的長度時，要記得在脖子與胸部及頭部的交接處各綁上一回繩子，以便表

腳中間的土裡。記住，鐵絲要插入土中時要插得深一些，因為這樣才不會因為不穩而失去定型的作用。若是覺得光靠鐵絲本身的深度仍會動搖時，我們可以另外用二條更粗的鐵絲或鋼條來固定鐵絲。

待枝條陸續長出後，我們就將它們跟鐵絲綁在一起，慢慢就可以做出想要的孔雀形狀。綁在鐵絲上的枝條，當然也會繼續向左右兩側長出新的枝條來，我們只要將這些新長出來的枝條用「交疊法」，將左邊枝條往右

現出脖子的弧度。但是在還沒做頭部之前，我們要先做孔雀的嘴巴。在脖子的上方，我們先抓住一枝粗芽，壓下來做下嘴部，下嘴部的長度約在二十公分左右。此時將嘴尖的地方用一條比較長的繩子綁起來。綁好後，繩子暫時還不要剪掉。現在我們將繩子往下拉，然後將它綁在雀身身上的某處固定。做這一個動作的目的是讓我們可以得到一個弧度是向下的下嘴部。最後要記得把下嘴部前方多餘的枝條修掉。

孔雀的練習操作

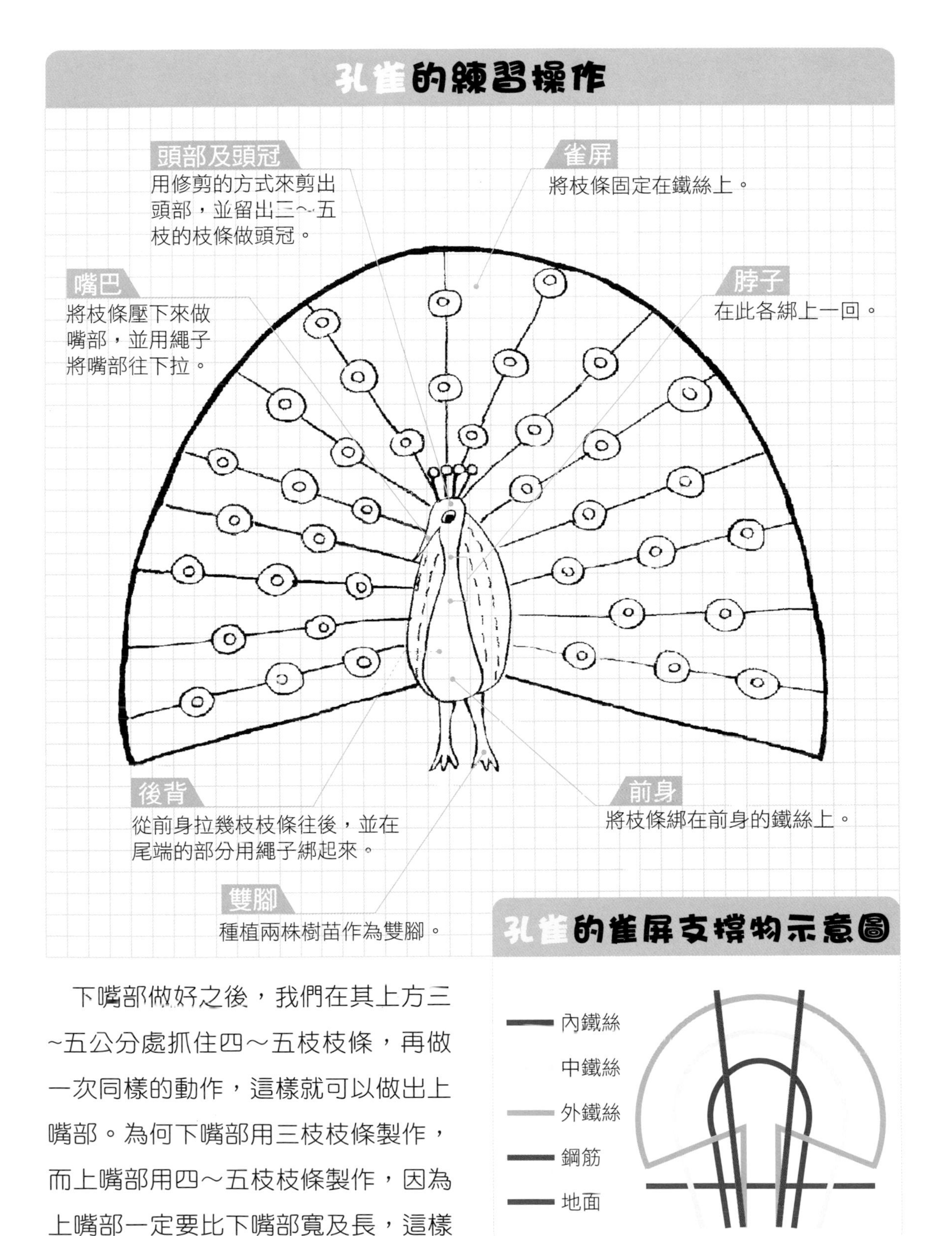
頭部及頭冠
用修剪的方式來剪出頭部，並留出三～五枝的枝條做頭冠。
雀屏
將枝條固定在鐵絲上。
嘴巴
將枝條壓下來做嘴部，並用繩子將嘴部往下拉。
脖子
在此各綁上一回。
後背
從前身拉幾枝枝條往後，並在尾端的部分用繩子綁起來。
前身
將枝條綁在前身的鐵絲上。
雙腳
種植兩株樹苗作為雙腳。
孔雀的雀屏支撐物示意圖
內鐵絲
中鐵絲
外鐵絲
鋼筋
地面

下嘴部做好之後，我們在其上方三~五公分處抓住四～五枝枝條，再做一次同樣的動作，這樣就可以做出上嘴部。為何下嘴部用三枝枝條製作，而上嘴部用四～五枝枝條製作，因為上嘴部一定要比下嘴部寬及長，這樣才不會做出屌斗雀！

嘴部做好之後，在往上方長的枝條則用來做頭部。讀者可能會想用綑綁的方式將頭部頂端綁起來縮尾。但是因為頭部不大，所以通常只要用修剪的方式來做出頭部的形狀即可。

在頭的頂端，不要忘了留三~五枝的枝條做頭冠。

製作後背

將前身部分的枝條拉幾枝過來往後，並在尾端的部分用繩子綁起來。日後待枝條長出再慢慢修剪出形狀。

製作孔雀的雀屏

孔雀最引人注目的地方當然就是那大大的雀屏了，要把雀屏做的又圓又薄，單靠枝條本身的強度當然是不夠的，這時我們就要靠鐵絲的幫忙。另外，因雀屏的面積大，重量比較重，所以要做在兩隻腳的旁邊，不做在尾端（這一點跟實際的孔雀有一點點不同）。此時我們需要準備三支主要的鐵絲，我們把這三支分別稱為：內鐵絲、中鐵絲與外鐵絲。另外，我們也需要準備二隻固定外鐵絲的鋼筋（用竹管或木棍亦可）以及數支將扇屏形狀補成平整的小鐵絲。這邊用到的鐵絲直徑均約零點二公分。

內鐵絲需要一百六十公分長，我們要將它彎成「U」字的形狀。然後將此U型鐵絲倒過來插入腳邊的土中，插入土中的部分約有二十公分。若土質比較堅硬，插入土裡的部分則可以不用到二十公分那麼多，整隻鐵絲的長度也可以相對減少。內鐵絲插好之後，就要將做成扇屏的枝條平均分散在鐵絲上，然後用繩子綁起來固定。固定好之

▼作品／孔雀。

後，我們就有了扇屏的基本雛形。

中鐵絲大約需要二百八十公分長，一樣將它彎成「U」字的形狀及倒過來插入土中，而插入的位置就在內鐵絲的外邊即可。等到枝條從內鐵絲外繼續生長，長到超過中鐵絲的位置時，一樣用繩子將它們綁起來固定。在做這一個動作時，一定要特別注意，枝條一定要超過中鐵絲的位置才能綁，若是剛好長到中鐵絲的位置就綁起來，那樣枝條可能會因為受到外力的影響，不再向上生長而往旁邊長。枝條若往旁邊長，雀屏就會變厚而影響美觀。至於要超過多少才可以綁，則要依枝條的實際生長狀況來判斷。

外鐵絲的長度要到五百二十公分長。它的形狀不是U型，而是整個雀屏的外緣形狀，比較像是一個半圓形，但半圓的兩端必須往裡邊彎進去。將此鐵絲的兩端插入土裡面，一樣是插在雙腳的旁邊。等枝條長到外鐵絲的位置時，一樣用繩子將它們綁起來固定。

若是枝條超出外鐵絲的部分，我們可以將它剪除，但是最好就是將它們往內折回，作為扇屏的部分。這樣一來，我們的扇屏部分就可以更快完成。

因為外鐵絲比較長，比較不牢固，因此我們需要另外加兩條約小指頭寬的鋼筋（用竹管或木棍亦可）來支撐。這兩條鋼筋插入土中時會呈現一個「V」字的形狀，正確位置請見前面的圖示部分。

將孔雀的雀屏整理平整

若要讓雀屏的部分更好看，就一定要將它整理平整。請先準備數支約四十五公分左右的小鐵絲。假設現在有三個點，分別為A、B、C。A與C代表較為突出的兩端，B則代表較為凹陷的部分。我們將鐵絲從A的部分插入，然後將B的部分往上撐起，最後再將鐵絲從C的部分穿出來。若一支鐵絲不夠用，可以用兩支或三支來擺平。用這種處理方式來整理扇屏時，插入鐵絲的方向並沒有特別的限制，要從上下方插入，或從左右方插入，甚至是斜斜插入都無妨，只要能將突出的部分壓平即可。

造型的練習操作▶咖啡、雞蛋、胡蘿蔔

咖啡、雞蛋、胡蘿蔔這三個風馬牛不相及的東西，為什麼我們要在此將它們相提並論？我曾經在聯合報上看過一篇文章，文中寫到，有一個年輕的女孩，因為受不住課業上的壓力與挫折，便向父親訴說心中的痛苦。她的父親帶她進入廚房，然後燒了三鍋水，分別在其中煮咖啡、雞蛋及胡蘿蔔。一會兒後，父親問女兒是否從中得到啟示，女兒茫茫然的搖搖頭。父親接著說，硬的胡蘿蔔經過烹煮之後，便軟軟爛爛了，易碎的雞蛋反而凝固的彈性十足，而咖啡豆被磨的面目全非，但是煮過後卻可以飄香於數里之外。

我很喜歡這個簡單的小故事，因為可以提醒自己要經得起煎熬，不要像胡蘿蔔一樣，反而要像雞蛋一樣經過磨練反而變得堅實有彈性，要像咖啡一樣散發宜人香氣。因此，我想要把這一個故事放進作品之中，希望讀者跟我一樣喜歡這樣的作品。

製作置物盤

要完成這一件作品，要先有一棵種得比較久的九重葛，然後將葉子修剪成由下往上的三層，請見附圖（第61頁）。這三層就是置物盤，基本上是圓形的，當然你也可以將置物盤修成方形或菱形。但是記得盤內底部要修成平的，邊邊的周圍要高一點。

把每一層都剪好之後，我們就要來做盤中的東西。第一層我們要放雞蛋，第二層要放胡蘿蔔，第三層放上咖啡杯組。不過，製作的順序方面也不一定要等到三層底盤都做好才做，也可以同步進行以節省時間。

製作雞蛋

第一層我們要放上四顆橫放的雞蛋。三顆在下，一顆在上。我們要用剪刀及繩子來完成這一項工作。

在第一層盤子的上方長出新的枝芽之後，我們要先綁上三束，每一束用三～五枝的枝芽，而這三束就是三顆雞蛋的中心點，而這三束之間必須呈現出一個三角形。

因為雞蛋是橫放的，如果我們任枝

咖啡、雞蛋、胡蘿蔔的練習操作

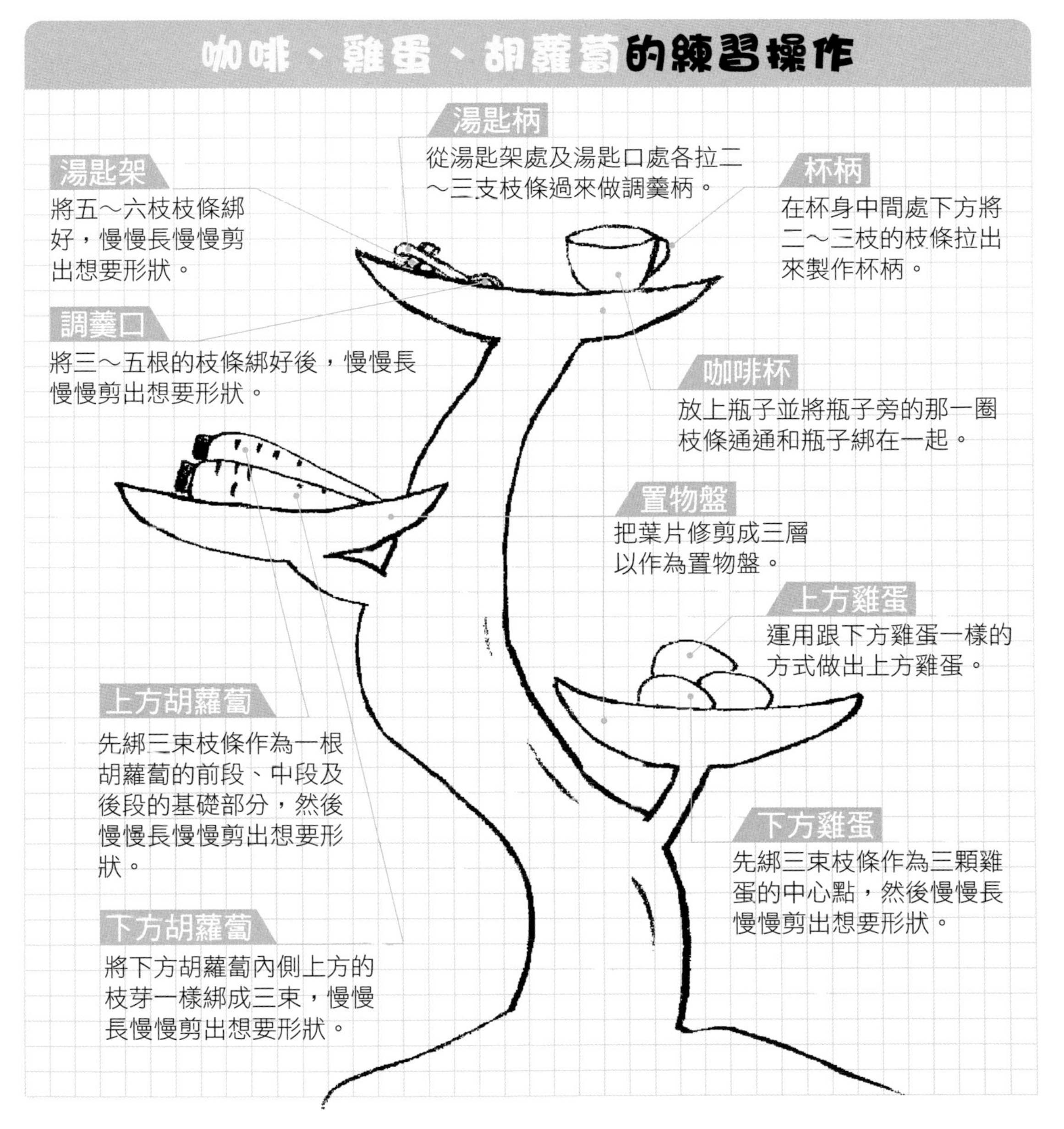
湯匙柄
從湯匙架處及湯匙口處各拉二～三支枝條過來做調羹柄。
湯匙架
將五～六枝枝條綁好，慢慢長慢慢剪出想要形狀。
杯柄
在杯身中間處下方將二～三枝的枝條拉出來製作杯柄。
調羹口
將三～五根的枝條綁好後，慢慢長慢慢剪出想要形狀。
咖啡杯
放上瓶子並將瓶子旁的那一圈枝條通通和瓶子綁在一起。
置物盤
把葉片修剪成三層以作為置物盤。
上方雞蛋
運用跟下方雞蛋一樣的方式做出上方雞蛋。
上方胡蘿蔔
先綁三束枝條作為一根胡蘿蔔的前段、中段及後段的基礎部分，然後慢慢長慢慢剪出想要形狀。
下方雞蛋
先綁三束枝條作為三顆雞蛋的中心點，然後慢慢長慢慢剪出想要形狀。
下方胡蘿蔔
將下方胡蘿蔔內側上方的枝芽一樣綁成三束，慢慢長慢慢剪出想要形狀。

芽往上長就比較不容易做出一個橫扁的造型。因此，當枝芽已經長到你要的雞蛋高度時，我們就將多餘的高度剪掉。之後，這些枝芽便會在旁邊長出新的側芽，這樣一來，我們就可以比較快做出一顆顆橫放的雞蛋。接下來，只要用剪刀慢慢修剪出雞蛋的形狀即可。

在下方的三顆雞蛋將要完成之時，我們就不需要將高出雞蛋高度的枝芽全部剪掉，我們要將比較靠近三顆蛋中心點的枝條各抓二～三枝，然後將這些枝條(共六～九枝)綁成一束。這些枝條就是要做第四顆雞蛋的基礎部分。

然後我們運用跟製作三顆雞蛋造型的方式，完成第四顆雞蛋的造型。

製作胡蘿蔔

胡蘿蔔共要做三根。兩根放在底下併排，一根則放在上方。

要製作出一根胡蘿蔔，我們需要先將枝芽綁成三束。這三束必須成一直線，分別是一根胡蘿蔔的前段、中段及後段的基礎部分。前段因為比較粗，因此我們將五～七枝枝條綁在一起，中段綁三～五枝，後段則綁兩枝即可。後段比較細，就算只有留一枝也沒有關係。因為底下有兩根胡蘿蔔，所以總共要綁上六束。

與雞蛋一樣，胡蘿蔔的造型也是橫躺著的，因此我們要將高出預定高度的枝條剪掉，好讓側芽長出，以便儘快讓胡蘿蔔長胖。之後，一樣是用剪刀慢慢修剪出胡蘿蔔的形狀即可。

接下來，我們將兩根胡蘿蔔內側上方的枝芽一樣綁成三束，這三束就是第三根胡蘿蔔的基礎部分。然後只要運用跟製作底下兩根胡蘿蔔造型的方式完成第三根胡蘿蔔的造型即可。

製作咖啡杯組

現在，我們要製作一個咖啡杯及一支咖啡匙。製作咖啡杯時，除了剪刀、繩子之外，我們要多準備一個空瓶及一根木棍。

咖啡杯的製作部分，我們先將木棍插在咖啡杯的中心點，然後將空瓶倒扣在木棍上。空瓶的瓶口一定要貼到底，不要讓瓶子懸空。然後將貼近瓶子旁的那一圈枝條通通和瓶子綁在一起，我們要在杯子的底部、中間處、上緣處都綁上一回繩子，以達到定型的目的。經過一段時間之後，等這些枝條的形狀都固定後，將瓶子上方的繩子鬆開，並將中間的瓶子拿出來。若覺得咖啡杯過高，則將它剪矮一些即可。杯子旁的枝條要剪成跟盤子的深度一樣。

在製作杯身的同時，我們要在杯身中間處的下方將二～三枝的枝條單獨拉出來製作杯柄。我們將這兩三枝的枝條綁在一起，等到長度夠長時，就將它們綁在杯身中間處的上方。

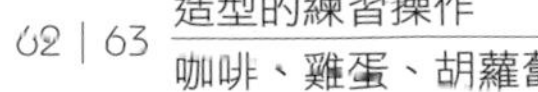

◀平日多觀察事物的造型，有助創作靈感。

經過以上的程序，咖啡杯就算完成了，日後只要加以修剪，不要讓它變形即可。若我們要做的咖啡杯比較大，我們可以用桶子來取代瓶子，用桶子時就不需要用木棍來固定。

現在我們要製作一個湯匙架及小湯匙，這樣咖啡杯才不會太顯孤單。請在咖啡杯旁的地方，綁上兩束枝條，一束是要作為湯匙架的基礎，另一束則是湯匙的前端口部分的基礎。

湯匙架的基礎部分，要把大約五～七支枝條綁好，然後在適當的高度將枝條剪掉，好讓側芽長出，以便儘快將橫扁造型的湯匙架完成。不過我們不需要把所有枝條都剪短，我們要留二～三支枝條不剪，將它們往湯匙的前端口部分方向壓過去，壓過去的枝條就是湯匙柄的一部分。

前端口的基礎部分，則是把三～五根的枝條綁好後，只留下湯匙的高度，然後把多餘的枝條剪掉，讓橫扁的前端口造型因側芽的生長而能較快速的完成。我們在一直繼續往上長的枝條中，選二～三支枝條將它往靠近湯匙架的地方壓過去，這些一樣是要作為湯匙柄的一部分。

現在兩邊都有要作為湯匙柄的枝條，我們將它們互相交錯在一起，好讓整體結構更穩固一些。這時要特別注意的一點是高度，湯匙架這一端的整體高度要高於湯匙前端口的部分。也就是湯匙柄的部分是由湯匙前端口慢慢往另一端斜上去的，並不是直的。

製作湯匙這一部分的動作其實很簡單，比較需要注意的是，要用剪刀將前端口的凹陷部分及旁邊的弧度修剪出來。當然在湯匙架與湯匙柄的連接處，也要將湯匙架上方的弧度修剪出來。

我不知道各位是否覺得這樣的作品很有意思，也許會覺得有點唐突。但是就我自己的觀點來說，藝術這件事基本上就是一個遊戲，只要自己玩的開心，玩的有樂趣就好。當然，你也可以運用同樣的觀念，做出自己喜歡，但別人可能會驚訝地「咦？」的造型作品。

造型的練習操作▶挽臉

「四腳相交，四目相會，一個咬齒根，一個歪嘴頰。」這句台灣俗語是在形容女子挽臉時的情況。挽臉是早期社會女子的美容方式，兩人的動作呈現非常活潑有趣。現在我們就來做一組挽臉作品。

製作顧客的小腿與大腿

被挽臉者會坐在一張椅子上，因此我們要種植三株樹苗，二株樹苗是顧客的雙腳，另一株樹苗便是要做成椅子。要做椅子的樹苗要比做雙腳的樹苗粗大一些。

若在作為雙腳的樹苗離土面處上方約五到十公分處長出側芽，則將側芽與樹苗綁在一起，當成腳踝的部分。若是樹苗本身沒有長出側芽，則等上方長出新枝芽時，再將新枝芽綁在一起做成小腿的一部分。若小腿的整體長度到達三十五至四十公分左右時（膝蓋下方），則將枝條綁第二回。將枝條綁在一起之後，將枝條略為往前推做出膝蓋的彎曲部分，然後將枝條全部向後面推，此時要再用繩子將枝條綁第三回。接著我們就要製作大腿的部分。

現在，我們要將枝條略略往下壓。等到枝條長到離膝蓋最前端約有四十至五十公分時，也就是大腿與臀部交界處時，請用繩子將枝條綁上第四回，以便做出弧度來。

要特別注意的是，在製作小腿時，小腿部分的角度必須要有一點傾斜，不管是向前傾或向後傾都可以。加上一點傾斜的角度後，整體的感覺會比較生動，比較不死板。另外，兩隻小腿也儘量不要平行。

製作顧客的椅子

一般椅子通常會有四隻椅腳，但是若做四隻椅腳，底下的部分就會變得過於複雜，因此我們僅用一株樹苗製作單腳椅。椅腳的高度大約離地面約二十公分左右，因此在樹苗長到二十公分時，我們就要做椅面。椅面是橫的，但樹苗的枝芽是往上方長的。因此，我們在要做椅面的邊緣處放上二支橫的鐵絲。然後將枝條綁在鐵絲上，陸陸續續長出的新枝芽，大部分綁在鐵絲上（因為橫枝長得慢，所以

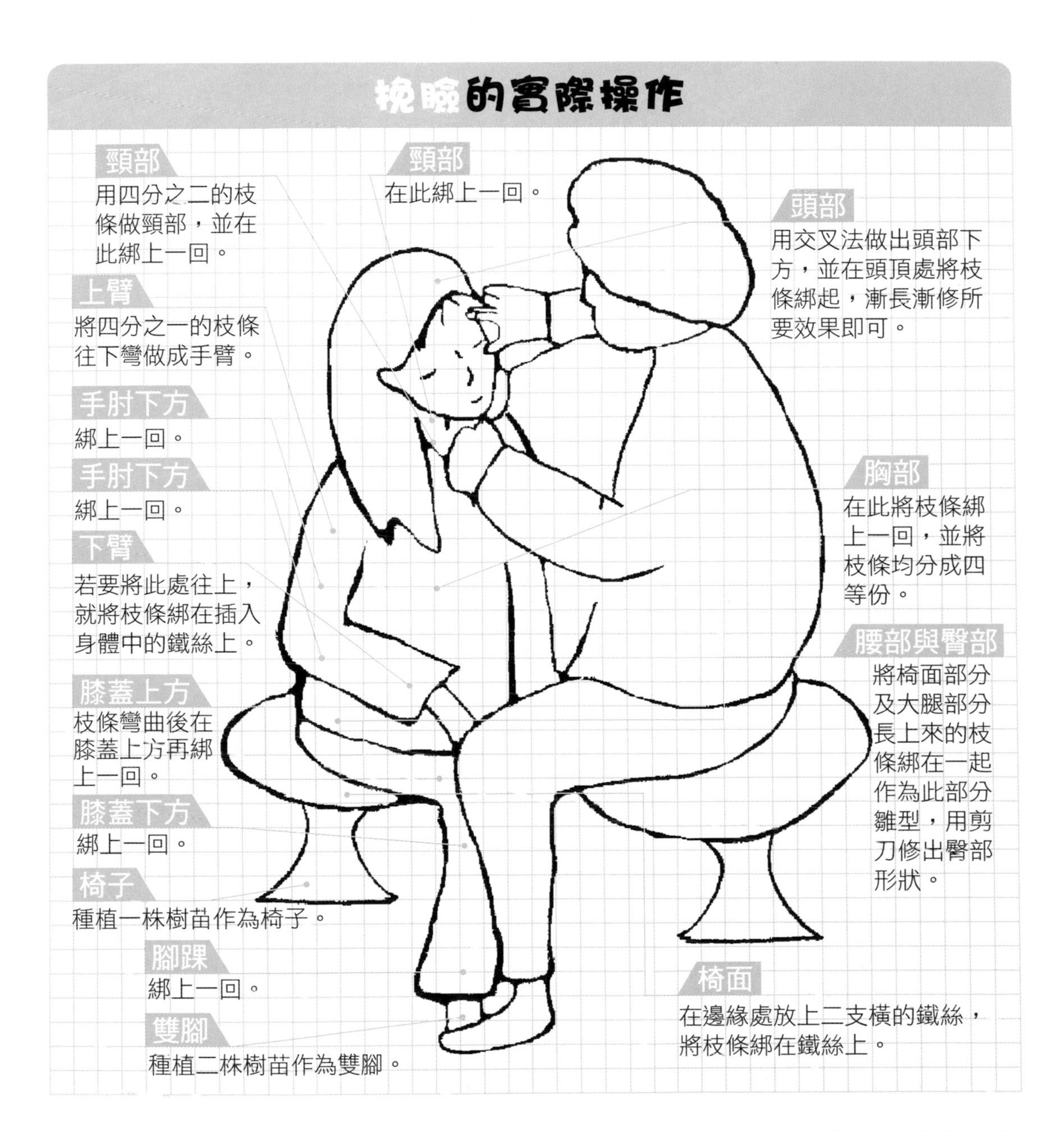
挽臉的實際操作
頸部
用四分之二的枝條做頸部，並在此綁上一回。
頸部
在此綁上一回。
頭部
用交叉法做出頭部下方，並在頭頂處將枝條綁起，漸長漸修所要效果即可。
上臂
將四分之一的枝條往下彎做成手臂。
手肘下方
綁上一回。
手肘下方
綁上一回。
胸部
在此將枝條綁上一回，並將枝條均分成四等份。
下臂
若要將此處往上，就將枝條綁在插入身體中的鐵絲上。
腰部與臀部
將椅面部分及大腿部分長上來的枝條綁在一起作為此部分雛型，用剪刀修出臀部形狀。
膝蓋上方
枝條彎曲後在膝蓋上方再綁上一回。
膝蓋下方
綁上一回。
椅子
種植一株樹苗作為椅子。
腳踝
綁上一回。
椅面
在邊緣處放上二支橫的鐵絲，將枝條綁在鐵絲上。
雙腳
種植二株樹苗作為雙腳。

大部分的枝條拿來做椅面）。小部分的枝條則要讓它繼續往上長，好做顧客的臀部與腰部。

製作顧客的臀部與腰部

從椅子部分繼續長上來的枝條，除了做椅面的部分，其餘的就讓它們繼續往上長，等到離椅面約有二十公分處，就將這些枝條與大腿處的枝條都綁在一起（第五回）。腿部處生長過來的枝條是往後的，因此要先將它調往上。這個部分就是腰部的雛型。臀部的地方，則等整體造型較完整時，再用剪刀將臀部與椅面處的弧度剪出來。

製作顧客的身體與手部

綁好的枝條一直往上長到大約是胸部的位置時，我們就要將所有枝條再綁上一回（第六回）。現在，我們要將所有枝條分成四個等份。其中的四分之二是用來做左右手的，而剩下的四分之二則是用來做頸部的。

現在我們要先將挽臉者的右手做出來。上臂部分的製作是先讓枝條往下方長，等到枝條長到約二十五~三十公分左右時，我們就將枝條再綁一回，然後將枝條微微往上方彎曲，等到離剛剛綁繩處有五至八公分時，再綁上一回。兩回的中間之處，便是手肘。

下臂的地方可以做成往下或往上。若要做成往上舉，就必須藉由固定物來幫忙，才能撐得起枝條。我們有兩種方式可以選擇。第一種是先將一條鐵絲彎成手臂彎曲的形狀，然後將鐵絲插入身體之中，然後將枝條綁在其上即可。第二種方式是在手肘處的下方，將一支鐵條插入土中，然後用這一鐵條撐住枝條。至於左手的部分，也用相同的方法製作。

製作顧客的頸部與頭部

在胸部上方分出的四分之二，我們先綁上一回，然後在其上約十五公分之處，再綁上另一回，這一段就是頸子的部分。

要做頭部通常要運用到交叉的手法，所以請把頸子上的枝條分成兩束，然後將其中一把繞過另外一把。這樣一來，兩束枝條的交叉處便會變成十字型，然後再將此兩束枝條綁在一起，綁的距離在交叉處上方約二十五公分之處。

等枝條慢慢成為頭的形狀之後，再用剪刀剪出眼睛、鼻子及下巴即可。

製作挽臉者的小腿與大腿

挽臉者一樣會坐在一張椅子上，因此製作挽臉者時一樣要種植三株樹苗，二株樹苗是顧客的雙腳，另一株樹苗是椅子。與製作顧客部分較不相同處，在於挽臉者所坐的椅子會比顧客所坐的高，約莫高十公分左右。因此，椅子的椅腳部分必須比顧客椅子的椅腳高約十公分。

另外，請特別注意，挽臉者與被挽臉者的雙腳是成交叉的狀態。也就是顧客的其中一隻腳必須在挽臉者的雙腳中間，至於是左腳在中間或右腳在中間，那都沒有關係。

作為雙腳的樹苗離土面處上方約五到十公分處若有長出側芽，則將側芽與樹苗綁在一起，當成腳踝的部分。若是樹苗本身沒有長出側芽，則等上方長出新枝芽時，再將新枝芽綁在一起做成小腿的一部分。若小腿的整體長度到達四十公分左右時，則將枝條再綁一回。將枝條綁在一起之後，將枝條略為往前推做出膝蓋的彎曲部分，然後將枝條全部向後面推，此時要再用繩子將枝條綁上一回。接著我們就要製作大腿的部分。

與製作顧客大腿不同處，在於挽臉者的大腿不是向下方彎。因此，我們不用將枝條往下壓，只要讓已經被往後推的枝條自然繼續生長即可。等到枝條長到離膝蓋最前端約有五十公分時，也就是大腿與臀部交界處時，請用繩子將枝條綁上一回，以便做出弧度來。

製作挽臉者的椅子

椅腳的高度大約離地面約三十公分左右，因此在樹苗長到三十公分時，我們就要做椅面。椅面是橫的，但樹苗的枝芽是往上方長的。因此，我們在要做椅面處放上兩支橫的鐵絲。然後將枝條綁在鐵絲上，陸陸續續長出的新枝芽，大部分綁在鐵絲上。小部分的枝條則要讓它繼續往上長，好做顧客的臀部與腰部。

製作挽臉者的臀部與腰部

從椅子部分繼續長上來的枝條，除了做椅面的部分，其餘的就讓它們繼續往上長，等到離椅面約有二十公分處，就將這些枝條與大腿處的枝條都綁在一起（第五回）。腿部處生長過來的枝條是往後的，因此要先將它調往上。這個部分就是腰部的雛型。臀部的地方，則等整體造型較完整時，再用剪刀將臀部與椅面處的弧度剪出來。

製作挽臉者的身體與手部

挽臉者的身體與顧客比較不相同，挽臉者的身體會比顧客彎，因此身體必須略略往前傾。不過只要身體上半部向前傾，也就是約在心臟下方之處才將枝條往前傾，千萬不要在腰部之處就將枝條向前傾。

綁好的枝條一直往上長到大約是胸部的位置時，我們就要將所有枝條再綁上一回。現在，我們要將所有枝條分成四個等份。其中的四分之二是用來做左右手的，而剩下的四分之二則是用來做頸部的。

現在我們要先談挽臉者的右手如何做出來。上臂部分的製作一樣是讓枝條往下方長，等到枝條長到約二十五~三十公分左右時，我們就將枝條綁上一回，然後將枝條往上方彎曲，等到離剛剛綁繩處有五至八公分時，再綁上一回。兩回的中間之處，便是手肘。

因為下臂的地方必須往上，因此我們必須藉由固定物來幫忙。固定方式與被挽臉者的手部製作部分相同。

在製作右手的同時，我們也可以同時製作左手的部分。兩手的製作方式是一樣的。但是，左右手的高度最好有約莫二十公分左右的落差，這樣會因為動作比較明顯，而顯得比較生動。

製作挽臉者的頸部與頭部

在身體上方的枝條，我們要用中間的二分之一製作頸部。我們在身體與頸部的連接處用繩子綁上一回，然後將枝條輕輕往側邊推，以便最後可以做出偏向一邊的頭部姿勢。在距離剛剛綁繩處十至十五公分處，我們需要再用繩子將枝條綁上一回。

至於要將枝條推向哪一個方向，就要依左右手的高低來評斷。若右手比左手高，我們就要將枝條往左邊推，最後做出來的頭就會偏向左邊；若左手比右手高，就要將枝條往右推，我們就可以做出偏向右邊的頭。

接著請把頸子上的枝條分成兩束，然後將其中一把繞過另外一把。這樣一來，兩束枝條的交叉處便會變成十字型，然後再將此兩束枝條綁在一起，綁的距離在交叉處上方約二十五公分之處。

等枝條慢慢變成頭的形狀之後，再用剪刀剪出眼睛、鼻子及下巴即可。

造型的練習操作▶哈迷情調

這世上最幸福的一件事之一，就是能讓自己享受在悠閒時光之中。一把好吉他，一副好歌喉，就能輕易使這一份悠閒時光更添美麗色彩。我自己不會彈吉他，歌喉也普通，但是我可以用我的手，用我的九重葛做出這一份悠閒的「哈迷情調」跟大家分享。至於為何要稱它做哈迷情調，請先讓我賣一個關子，等等我會告訴大家它的由來。

我們總共要準備六棵九重葛。其中兩棵要用來做椅腳，另外四棵則是要用來做兩位表演者的腳。

製作椅子

因為表演者是坐在長板凳上，因此我們要先做椅子。首先先種二棵(四棵也可)比較粗壯的九重葛。然後將九重葛的枝幹全部壓平做成椅面的部分。若是無法壓平，我們就儘量用繩子、鋼筋及鉤子等輔助物來處理。當然，我們也可以用剪刀將椅面慢慢修平。椅子的總體高度約在五十至六十公分。至於椅面寬度約在三十公分左右，椅面長度則是介於一百四十公分~一百六十公分之間。以上的這些尺寸資料大約等同於實物的尺寸。若是讀者想要做小一點的作品也可以，不過要記得將所有部分等比縮小，才不會有比例不協調的狀況發生。

製作小腿

小腿的部分可以參考前幾篇的製作方式。腳踝的地方要綁上一回，以便做出弧度。待枝條長度已長到大腿的長度時，我們也要用繩子再將枝條在膝蓋的下方綁上一回，然後將枝條彎成「く」字的形狀，「く」字的地方就是膝蓋。然後再將膝蓋的上方再綁上一回。小腿旁可釘上鋼條或竹竿等物，以避免腿部變形。

要特別注意的是，兩人的腿部造型儘量不要做成一樣，以免整體看起來太過呆板。也就是說，如果有一個人的腳是併攏的，另一個人的腿最好就是做成分開的樣子。

製作大腿

在製作大腿之前，我們要先在表演者的身體中間處插上一根手指頭粗的鋼筋，這一根鋼筋便是要支撐整體造型的最主要輔助物。

在上一個步驟中，已經被彎成「く」字形狀的枝條會向彎曲的方向繼續生長，這一些枝條就是大腿的部分。等這些枝條長到鋼筋之處時，我們便要調整它們的方向，然後將這些枝條綁在鋼筋上，使之往上生長。

製作臀部

臀部的部分，除了要利用由大腿處過來的枝條外，我們也要用椅子上陸續長出的枝條來製作。我們只要將剛剛說的枝條都綁在一起，然後用修剪的方式剪出臀部弧度即可。

在臀部跟椅子的交界處，也要記得綁上繩子，這樣才能使臀部與椅子之間的區隔明顯出現。

製作腰部與胸部

現在所有的枝條都已經在往上方生長了。所以我們要將離椅面十五公分處的地方用繩子綁上一回，好讓腰部的部分顯現出來。如果不想綁，當然也可以，因為世上並沒有一條法律規定，會樂器會唱歌的人一定要有腰部曲線。沒有腰的作法很簡單，只要讓枝條自然往外生長即可。

等到枝條長到離椅面三十~四十公分左右時，也要在胸部的位置處綁上一回。在胸部處綁上一回的原因，是怕枝條過於鬆散。綁好之後，我們要將枝條平均地分成四等份。這其中的四分之一是要用來做左手，四分之一是要用來做右手，而中間的四分之二則是用來做頸部的。

我們要把其中一人的身體部分的枝條略為往前推，好像整體感覺是前傾的。另一個人的身體部分的枝條，則

帽子
將枝條綁在一起慢慢修出帽子形狀。

帽緣
將枝條往下壓綁在帽緣的鐵絲上。

吉他
用肚腹中間處的枝條做基礎，等到枝條長長、長厚，再用剪刀修剪出吉他的曲線。

吉他與身體交界
此處需要用剪刀剪出空隙。

手部
將枝條綁在有手部姿勢的鐵絲上。手臂至手掌的地方，總共綁四回。

哈迷情調的實際操作

身體支撐物
在此插入鋼筋作為身體的支撐物。
頭部下方
用交叉法做出頭部下方。
頭部上方
在頭部與帽子的交界處用繩子綁上一回。
頸部上方
在此綁上一回。
頸部下方
在此綁上一回。
胸部
在此綁上一回，並將枝條分成四等份。
腰部
在此綁上一回。
大腿
將大腿根部處的枝條綁在身體的支撐物上。
膝蓋上方
在此綁上一回。
膝蓋下方
在此綁上一回，並將枝條彎成「ㄑ」字形狀。
椅面
將枝葉壓平做成椅面。
椅腳
先種二棵九重葛當成椅腳。
臀部
利用由大腿處及椅子處過來的枝條製作。在此需綁上一回。
腳踝
在此綁上一回。
雙腳
種植四棵九重葛做成雙腳。

要讓它們保持直直向上即可。

要特別跟各位說明的一點是，為何一人的身體要向前傾，另一人卻要坐的挺直。聰明的讀者應該知道原因了。沒錯，它的原因就跟之前製作腿部造型的原因一樣---避免呆板。

製作吉他

要製作吉他的主身部分，就要利用肚腹中間處的枝條來做基礎。

我們將從其中一人肚腹上方長出的枝條綁成一束，約五~十枝。然後將枝條交叉以轉變方向，好編織成琴身的基礎。等到枝條慢慢長長，慢慢長厚，然後再用剪刀修剪出主身的曲線。至於吉他主身的厚度，約略是十公分左右即可。

若這一人的吉他是朝上的，另外一人的吉他最好就是向下的。因為這樣的畫面呈現才會比較活潑。

請特別注意，吉他的下邊處與肚子間要有一點空間才會好看，若是枝條將這一塊空間遮住了，就要用剪刀剪出空間。至於為何要用肚子中間的枝條做琴身的基礎，也是基於這一個原因，因為若是用其他處(如大腿上方)的枝條做基礎，要留出這樣的空間就會比較困難一些。

製作手部

在胸部上方，我們在左右兩邊各留了四分之二的枝條要做手的部分。在做手部之前，要先決定我們要呈現出的樣子，讀者可以參考彈吉他者的圖片來製作。

手部姿勢的調整與固定，我們可運用鐵線來處理。我們將一條鐵線彎成所需的手部姿勢形狀，然後將此鐵線插入身體中，然後將枝條綁在鐵線上即可。運用此種方式要特別注意的是，將枝條綁在鐵線上後，鐵線會因有了枝條的厚度而相對變得比較肥短。因此在準備鐵線時，它的長度就要相對的長一些，簡單的說，就是要從最後做出來的手要有多長的角度去思考。

從手臂至手掌的地方，總共要綁上四回，以便做出手部的曲線。第一回綁在肩胛骨的交界處，第二回綁在手肘的上方，第三回綁在手肘的下方，至於第四回則是綁在手腕處。

製作頸部、頭部與帽子

在胸部以上的四分之二枝條已用來製作左右手。中間的四分之二要用來做脖子及頭部。

脖子處的枝條必須綁上兩回。第一回綁在肩膀交界處，第二回則綁在與頭部交界處。綁完第二回之後將枝條用交叉法做成下顎。用交叉的方式可以解省製作的時間。因為此手法已在前頭解釋多次，在此不再贅述。

現在，我們在頭部與帽子的交界處用繩子輕輕綁上一回，不需要綁太緊，只要能讓人看出交界的感覺即可。然後讓部分枝條繼續往上長，部分枝條則往旁邊壓。繼續往上長的枝條是要做成帽身的部分，我們在帽子的頂端處將枝條綁在一起，然後等枝條慢慢往旁邊長，再修出帽子的形狀即可。至於往旁邊壓要做成帽緣的枝條，必須要固定在鐵絲上才能達到比較好的效果。我們只要將一根鐵絲彎成圓形，然後將鐵絲的一部分設法固定在頭部上，接著再將枝條固定在此鐵絲上即可。若要讓帽子的前端往上翹，只要將鐵絲彎成所需的弧度後，一樣把枝條綁在鐵絲上即可。

其他比較細膩的地方，如臉部的形狀，鼻子及眼睛等處，只要用剪刀修剪出來即可。

好了，我們已經把這一個呈現悠閒時光的作品給完成了。現在，我要給讀者解釋一下，為何我稱呼它為哈迷情調。當初我是在報上看到這一張圖，覺得很有趣，心想如果可以將它用九重葛來表現也會非常有意思，而報紙的標題上有提到哈迷情調這四個字，我覺得很有詩意，也就跟著這樣稱呼它。這就是我這樣稱呼這個作品的理由，而我到現在還是不很清楚這四個的真正意思。

▼另一組相似作品／歡樂時光。

牆邊的聖經故事
BIBLE STORY BESIDE THE WALL

從前的台灣療養醫院（現臺安醫院）有一道很長、很高的水泥牆，在牆腳下則種滿了一長排的九重葛。每隔一、二週，我就一手拿著梯，一手拿著剪刀去修剪這些九重葛。

當時，我的修剪方向就是：把上端剪平，旁邊剪齊。久而久之，我實在覺得這樣沒有甚麼樂趣，心想，若是能將這些植物稍微做一點點的變動，應該會有樂趣的多。

於是，我先一一了解各棵植物的「長相」，然後就將它們一棵接著一棵的慢慢剪開，做成十三組聖經中的故事。

若是現在有機會再重做一次的話，一定會比以前所做的成品更精采。因為現在重新栽種，無論在數目或位置上都能分得很清楚，而在經驗上也比當初豐富了很多。

現在，只要給我樣品或圖示，地方空間也夠大的話，我相信自己要做多少都是沒有問題的。

創22:1-14

聖經故事的來源
BIBLE STORY BESIDE THE WALL

（1）路17:12-19　十個長大痲瘋

耶穌進入一個村子，有十個長大痲瘋的，迎面而來，遠遠的站著。高聲說，耶穌、夫子，可憐我們罷。耶穌看見，就對他們說，你們去把身體給祭司察看。他們去的時候就潔淨了。內中有一個見自己已經好了，就回來大聲歸榮耀與上帝。又俯伏在耶穌腳前感謝祂。這人是撒瑪利亞人。耶穌說，潔淨了的不是十個人麼。那九個在那裏呢？除了這外族人，再沒有別人回來歸榮耀與上帝麼。就對那人說，起來走罷，你的信救了你。

（2）得1:1-18　拿俄米，俄珥巴和路得

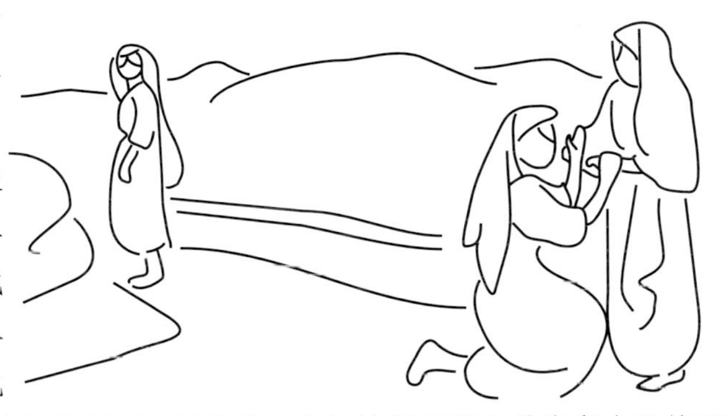

因國中遭遇饑荒，在猶大伯利恆，有一個人帶著妻子和兩個兒子往摩押地去寄居。這人名叫以利米勒，他的妻子名叫拿俄米……後來拿俄米的丈夫以利米勒死了，剩下婦人和他兩個兒子。這二個兒子娶了摩押女子為妻，一個名叫俄珥巴，一個名叫路得。後來拿俄米的二個兒子也死了，剩下拿俄米沒有丈夫也沒有兒子。她就與兩個兒婦起身，要從摩押地歸回，因為她在摩押地聽見耶和華眷顧自己的百姓，賜糧食與他們，於是她和兩個兒婦起行離開所住的地方，要回猶大地去。拿俄米對兩個兒婦說，你們各人回娘家去罷，願耶和華恩待你們，像你們恩待已死的人與我一樣。願耶和華使你們各在新夫家中得平安。

於是拿俄米與他們親嘴，他們就放聲大哭說，不然，我們必與你一同回你本國去。拿俄米說，我女兒們哪，回去罷，為何要跟我去呢？我還能生子作你們的丈夫嗎？我女兒們哪，回去罷，我年紀老邁，不能再有丈夫，即或說，我還有指望，今夜有丈夫可以生子，你們豈能等著他們長大呢？你們豈能等著他們不嫁別人呢？我女兒們啊，不要這樣，我為你們的緣故，甚是愁苦，因為耶和華伸手攻擊我。兩個兒婦又放聲大哭，俄珥巴與婆婆親嘴而別，只是路得捨不

得拿俄米。拿俄米說，看哪，你嫂子已經回她本國，和她所拜的神那裏去了，你也跟著你嫂子回去吧！

路得說，不要催我回去不跟隨你，你往那裏去，我也往那裏去，你在那裏住宿，我也在那裏住宿，你的國就是我的國，你的上帝就是我的上帝，你在那裏死，我也在那裏死，也葬在那裏。除非死能使你我相離，不然願耶和華重重的降罰與我，拿俄米見路得定意要跟隨自己去，就不再勸他了。

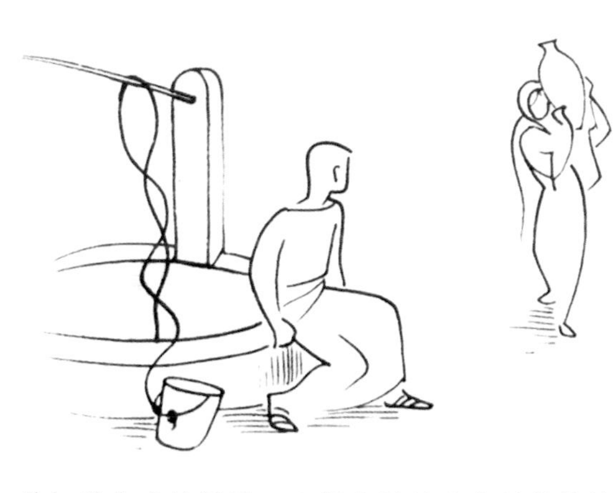

（3）約4:4-19　生命的水

耶穌來到撒瑪利亞的一座城，名叫敘加，靠近雅各給他兒子約瑟的那塊地，在那裏有雅各井。耶穌因走路困乏，就坐在井旁，那時約有午正。有一個撒瑪利亞的婦人來打水，耶穌對她說，請你給我水喝。那時門徒進城買食物去了。撒瑪利亞的婦人對他說，你既是猶太人，怎麼向我一個撒瑪利亞婦人要水喝呢？原來猶太人和撒瑪利亞人沒有來往。耶穌回答說，你若知道上帝的恩賜，和對你說給我水喝的是誰，你必早求他，他也必早給了你活水，婦人說，先生沒有打水的器具，井又深，你從那裏得活水呢。我們的祖宗雅各將這井留給我們，他自己和兒子並牲畜也都喝這井裏的水，難道你比他還大麼。耶穌回答說，凡喝這水的，還要再渴，人若喝我所賜的水就永遠不渴。我所賜的水，要在他裏頭成為泉源，直湧到永生。婦人說，先生，請把這水賜給我，叫我不渴，也不用來這麼遠打水。耶穌說，你去叫你的丈夫也到這裏來，婦人說，我沒有丈夫，耶穌說，你說沒有丈夫是不錯的，你已經有五個丈夫，你現在有的，並不是你的丈夫，你這話是真的，婦人說，先生我看出你是先知。

（4）創27:1-19　以掃賣了長子名份

以撒年老，眼睛昏花，不能看見，就叫了他大兒子以掃來，說，我兒，以掃說，我在這裏，他說，我如今老了，不知道那一天死。現在拿你的器械，就是箭囊和弓，往田野去為我打獵。照我所愛的作成美味，拿來給我吃，使我在未死之先給你祝福，以撒對他兒子以掃說話，利百加也聽見了。以掃往田野去打獵，要得野味帶來。利百加就對他兒子雅各說，我聽見你父親對你哥哥以掃說，你去把野獸帶來，作成美味給我吃，我好在未死之先，在耶和華面前給你祝福，現在我兒，你要照著我所吩咐你的，聽從我的話。你到羊群裏去，給我拿二隻肥山羊羔

來，我便照你父親所愛的，給他作成美味，你拿到你父親那裏給他吃，使他在未死之先給你祝福。雅各對他母親利百加說，我哥哥以掃渾身是有毛的，我身上是光滑的。倘若我父親摸著我，必以我為欺哄人的，我就招咒詛，不得祝福，他母親對他說，我兒，你招的咒詛歸到我身上，你只管聽我的話，去把羊羔給我拿來。他便去拿來，交給他母親，他母親就照他父親所愛的，作成美味。利百加又把家裏所存大兒子以掃上好的衣服，給他小兒子雅各穿上，又用山羊羔皮，包在雅各的手上，和頸項的光滑處。就把所做的美味和餅，交在他兒子雅各的手裏。

雅各到他父親那裏說，我父親，他說，我在這裏，我兒，你是誰，雅各對他父親說，我是你的長子以掃，我已照你所吩咐我的行了。

（5）王上3:16-28　所羅門審斷疑難案件

甲、乙婦人同住一房，有一天甲婦生個兒子，兩天後乙婦也生個兒子。一個說，夜間她睡著的時候，壓死了她的孩子，她就半夜起來，趁我睡著的時候，從我身邊抱走我的兒子，放在她的床上，然後把她那死了的孩子放在我床上。第二天早晨，我醒來要給孩子餵奶，發現她已經死了，我仔細一看，原來那並不是我的孩子。另外一個女人說：「不！活著的孩子是我的，死的才是你的。」第一個婦女回答：「不！死的孩子是你的，活著的是我的。」她們在王面前就這樣爭辯起來。所羅門王心裏想，她們兩人都說活著的孩子是自己的，死的是對方的。於是他說，給我拿一把刀來，左右的人把刀帶進來，王就下令：「把這活著的孩子劈成兩半，一半給這女人，一半給那女人。」那活孩子的母親因心疼自己的兒子，就對王說：「陛下，千萬不要殺這孩子，求你把他交給那女人好了。」但另一個女人說：「不必給我也不要給他，把這孩子分成二半吧！」王說：「將活孩子給第一個婦人，萬不可殺他，這婦人實在是他的母親。」以色列眾人聽見王這樣判斷，就都敬畏他。

（6）王下4:1-7　以利沙行神蹟

有一個先知門徒的妻，哀求以利沙說，你僕人我丈夫死了，他敬畏上帝是你知道的。現在有一個債主來，要把我的二個兒子帶去當奴隸，償還我丈夫從前所欠的債。以利沙問，我能為你做甚麼呢？你告訴我，你家裏有甚麼東西。寡婦說，只有一小瓶橄欖油，此外甚麼都沒有了。以利沙告訴他，你去向鄰居借一些空瓶子，不要少借，越多越好。然後，你和你的二個兒子進屋裏去，關上門，把油倒進瓶子，裝滿了就放在一邊。於是，那寡婦和兒子們進了屋子，關上門，把小瓶子裏的橄欖油倒進她兒子借來的瓶子中。他們倒滿了所有的瓶子以後，寡婦問還有沒有瓶子，一個兒子答，沒有了。於是橄欖油止住不再流出。

寡婦回到先知以利沙那裏，以利沙對她說，把橄欖油賣掉，去還你的債，剩下的錢足夠你和你兒子們的生活了。

（7）路15:11-32浪子的比喻

某人有二個兒子，那小兒子對父親說，爸爸，請你現在就把我應得的產業分給我，父親就把產業分給他的二個兒子，過幾天，小兒子賣掉了他所分得的產業，帶著錢離家去了，他到了遙遠的地方，在那裏揮霍無度，過放蕩的生活，當他花盡了他所有的一切，那地方又發生了嚴重的饑荒，他就一貧如洗，他只好去投靠當地的一個居民，那個人打發他到自己的農場去看豬，他恨不得拿餵豬的豆莢來充飢，也沒有人給他。他醒悟過來就回家去。

（8）路7:11-17　叫拿因城寡婦之子復活

耶穌和門徒往一座城去，這城名叫「拿因」。將近城門，有一個死人被抬出來，這人是一個寡婦的獨生子，城裏有許多人同著寡婦送殯。主看見那寡婦就憐憫她說，不要哭，於是進前按著槓，抬的人就站住了。耶穌說：「少年人，我吩咐你起來。」那死人就

坐起，並且說話，耶穌便把他交給母親，眾人都驚奇，歸榮耀與神說：「有大先知在我們中間興起來了！」又說：「上帝眷顧了他的百姓！」他這事的風聲就傳遍了猶太和周圍地方。

（9）路9:23-27　當背十架跟從我

耶穌又對眾人說，若有人要跟從我，就當捨己，天天背起他的十字架來跟從我。因為凡要救自己生命的，必喪掉生命。凡為我喪掉生命的，必救了生命。人若賺得全世界，卻喪了自己，賠上自己有甚麼益處呢？凡把我和我的道當作可恥的，人子在自己的榮耀裏，並天父與聖天使的榮耀裏降臨的時候，也要把那人當作可恥的。「我實在告訴你們，站在這裏的，有人在沒嘗死味以前，必看見上帝的國。」

（10）路10:25-37　撒瑪利亞人憐愛受傷的

有一個律法師起來試探耶穌說，我該做甚麼，才能得永生。耶穌就舉了一個比喻說，有一個人從耶路撒冷下耶利哥去，落在強盜手中，他們剝去他的衣裳，把他打個半死，就丟下他走了。偶然有一個祭司，從這條路下來，看見他就從那邊過去了。又有一個利未人，來到這地方，看見他，也照樣從那邊過去了，惟有一個撒瑪利亞人，行路來到那裏，看見他就動了慈心，上前用油和酒倒在他的傷口，包裹好了，扶他騎上自己的牲口，帶到店裏去照應他，第二天拿出二錢銀子來，交給店主說，你且照應他，此外所費用的，我回來必還你，你想這三個人，那一個是落在強盜手中的鄰舍呢？律法師說，是憐憫他的。耶穌說，你去照樣行罷。

（11）創22:1-14　亞伯拉罕獻祭。

上帝要試驗亞伯拉罕，就呼叫他；要他帶著獨生子以撒，往摩利亞地去。到所指示的山上，把以撒獻為燔祭。

亞伯拉罕和以撒一起繼續往前走，腳步是緩慢而沉重的。最後，他們到了上帝所指示的地

方，亞伯拉罕在那裏築壇，把柴擺好。

捆綁他的兒子以撒，放在壇的柴上。亞伯拉罕就伸手拿刀，要殺他的兒子。以撒樂意順服，完全沒有反抗。這時，天使從天上呼叫亞伯拉罕說，你千萬不可下手，現在我知道你是敬畏上帝的了。

（12）拿1:1-17　約拿的故事

「耶和華告訴約拿說，你起來往尼尼微大城去，向其中的居民呼喊。因為他們的惡達到我面前。」

但約拿決定盡他所能地遠離尼尼微城，到上帝找不到他的地方去。他上了船，準備往「他施」去避躲耶和華。

沒多久開始刮起大風。海上的波浪變得愈來愈狂暴，所以船上的每一個人開始大聲呼求他的上帝救他

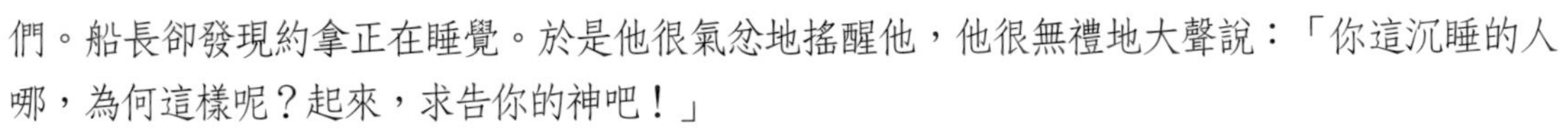

們。船長卻發現約拿正在睡覺。於是他很氣忿地搖醒他，他很無禮地大聲說：「你這沉睡的人哪，為何這樣呢？起來，求告你的神吧！」

當中有人說，來罷，我們掣籤，看看這災臨到我們是因誰的緣故。於是他們這樣行，結果籤掣出約拿來。

於是他們問道：「你的職業是甚麼？」「你從那裏來？」「你的國籍是甚麼？」「為甚麼你搭乘這艘船旅遊呢？」

然後他向他們說明上帝怎樣呼召他，往尼尼微去傳揚他的信息，而他卻害怕，往另一相反的方向躲避逃跑。他們很焦急地問，「我們當……怎樣行，使海浪平靜呢？」約拿說：「你們將我拋於船外的海中。」

但是水手們並不想那樣行。這似乎太殘忍了。於是他們再度盡力地搖槳，好讓船得以靠近陸地。

這一點用也沒有。這浪對他們而言，實在太大了。他們必須放棄。於是他們再回來見約拿。問他依然是志願被拋入船外的海中嗎？是的，他願意。他在他的心裏知道，所有這一切問題的出現，都是因為他的不順從。

他們遂將約拿抬起，拋在海中。

幾乎就在這時，突然間風暴止息，海變的平靜了。

（13） 路10:38-42　馬大為事忙亂

耶穌進了一個村莊。有一個女人名叫馬大接耶穌到自己家裏。她有一個妹子，叫馬利亞。耶穌來到馬利亞的家，馬大為事忙亂。馬利亞在耶穌腳前坐著聽他的道。馬大伺候的事多，心裏忙亂，就進前來說，主啊！我的妹子留下我一人伺候，你不在意麼？請吩咐她幫助我。耶穌回答說，馬大馬大，你為許多的事，思慮煩擾。但不可少的只有一件，馬利亞已經選擇那上好的福分是不能奪去的。

（14）路19:10　稅吏撒該

耶穌進了耶利哥，正經過的時候，有一個人名叫撒該，作稅吏長，是個財主。他要看看耶穌是怎樣的人。只因人多，他的身量又矮，所以不得看見。就跑到前頭爬上桑樹。要看看耶穌，因為耶穌必從那裏經過，耶穌到了那裏，抬頭一看，對他說，撒該快下來，今天我必住在你家裏。他就急忙下來，歡歡喜喜的接待耶穌。

眾人看見，都私下議論說，他竟到罪人家裏去住宿。撒該站著對主說，主啊，我把所有的一半給窮人。我若訛詐了誰，就還他四倍，耶穌說今天救恩到了這家，因為他也是亞伯拉罕的子孫。人子來為要尋找拯救失喪的人。

（15）約6:1-13　五餅二魚的故事

這事以後，耶穌渡過加利利海，就是提比哩亞海。有許多人因為看見他在病人身上所行的神蹟，就跟隨他。耶穌上了山，和門徒一同坐在那裏。那時猶太人的逾越節近了。耶穌舉目看見許多人來，就對腓力說：「我們從哪裏買餅叫這些人吃呢？」（他說這話是要試驗腓力；他自己原知道要怎樣行。）腓力回答說：「就是二十兩銀子的餅，叫他們各人吃一點也是不夠的。」有一個門徒，就是西門•彼得的兄弟安得烈，對耶穌說：「在這裏有一個孩童，帶著五個大麥餅、兩條魚，只是分給這許多人還算什麼呢？」耶穌說：「你們叫眾人坐下。」原來那地方的草多，眾人就坐下，數目約有五千。耶穌拿起餅來，祝謝

約13:6

了，就分給那坐著的人；分魚也是這樣，都隨著他們所要的。他們吃飽了，耶穌對門徒說：「把剩下的零碎收拾起來，免得有糟蹋的。」他們便將那五個大麥餅的零碎，就是眾人吃了剩下的，收拾起來，裝滿了十二個籃子。

（16）太13:1-9　撒種的故事

撒落在小路上的種子，當農夫撒種的時候，有些落在石頭地裏。但長到石頭上，便不能再往下長了。石頭裏又沒有水份，那幼苗就枯死了。

有些種子落在牆根。那兒長著荊棘。

這樣，麥子和荊棘的種子挨在一起生長。因為荊棘長得粗壯，麥子沒有生長的餘地。這些荊棘把泥土中的水份和養料都吸取了，所以麥子給擠住活不了。

那些落在好土裏的種子，它有足夠的空間生長，它的根能吸收到水份，太陽也能照在它上面。

不久，這些種子便生根長出綠苗來。

到了收割的時候，在高高的麥桿上掛著飽滿的麥粒，可以割下來磨成麵粉製成麵包。農人對這收成十分滿意。

他們問耶穌說：「這個故事是甚麼意思呢？」

耶穌說：「我的話就像那些好種子，但聽我教訓的人不是每一個都像那好土。有些人聽了我講的話，就像種子落在小路上。那些人一會兒就忘記我所說的。」

「另一些人就像那石頭地，他們雖然留心聽我講，可是他們沒有讓神的道在他心裏有生長的機會。至於落在荊棘地裏的，就像愛聽我講道的人；他們聽完道，回到家裏，又過他們的繁忙生活。他們心裏的種子沒有地方生長。因為這些人有許許多多的事要思慮。可是你們要留心聽啊，你們當中有些人要像那好土。你們聽神怎樣講正如聽我講一樣，那就是好種子。」

（17）路8:43-48　醫治患血漏的女人

有位患了十二年血漏病的女人。在醫生手裏花盡了她一切養生的，並沒有一人能醫好她，她來到耶穌背後，摸他衣裳繸子，血漏立刻就止住了。……耶穌頓時感覺有能力從他身上出去，那女人知道不能隱藏，就戰戰兢兢的來俯伏在耶穌腳前，把一切經過當著眾人面前，把

她得醫治的事實說出來。耶穌對她說：「女兒，你的信救了你，平平安安的去罷。」

（18）路12:16-21　愚蠢的大財主

就用比喻對他們說：「有一個財主田產豐盛；自己心裏思想說：『我的出產沒有地方收藏，怎麼辦呢？』又說：『我要這麼辦：要把我的倉房拆了，另蓋更大的，在那裏好收藏我一切的糧食和財物，然後要對我的靈魂說：靈魂哪，你有許多財物積存，可作多年的費用，只管安安逸逸地吃喝快樂吧！』上帝卻對他說：『無知的人哪，今夜必要你的靈魂；你所預備的要歸誰呢？』凡為自己積財，在上帝面前卻不富足的，也是這樣。」

（19）路24:1-7　耶穌復活

七日的頭一日，黎明的時候，那些婦女帶著所預備的香料，來到墳墓前看見石頭已經從墳墓輥開了。他們就進去，只是不見主耶穌的身體，在猜疑之間，忽然有兩個人就對他們說：「為甚麼在死人中找活人呢？他不在這裏，已經復活了，當記念他還在加利利的時候，怎樣告訴你們說，人子必須被交在罪人手裏，釘在十字架上，第三日復活。」

（20）約11:38-45　拉撒路復活

耶穌又心裏悲歎來到墳墓前，那墳墓是個洞，有一塊石頭擋著。耶穌說：「你們把石頭挪開。」那死人的姐姐馬大對他說：「主阿，他現在必是臭了，因為他死了已經四天了。」耶穌說：「我不是對你說過，你若信，就必看見上帝的榮耀麼。」

他們就把石頭挪開，耶穌舉目望天說：「父阿，我感謝你，因為你已經聽我，我也知道你常聽我，但我說這話，是為周圍站著的

眾人，叫他們信是你差了我來。」說了這話，就大聲呼叫說，拉撒路出來，那死人就出來了，手腳裹著布，臉上包著手巾。耶穌對他們說，解開叫他走，那些來看馬利亞的猶太人，見了耶穌所作的事，就多有信他的。

（21）路2:1-7　耶穌誕生

當那些日子，凱撒奧古斯都有旨意下來，叫天下人民都報名上冊。這是居里扭作敘利亞巡撫的時候，頭一次行報名上冊的事。眾人各歸各城，報名上冊。約瑟也從加利利的拿撒勒城上猶太去，到了大衛的城，名叫作伯利恆，因他本是大衛一族一家的人，要和他所聘之妻馬利亞一同報名上冊。那時馬利亞的身孕已經重了。他們在那裏的時候，馬利亞的產期到了，就生了頭胎的兒子，用布包起來，放在馬槽裏，因為客店裏沒有地方。

（22）路23:33-43　耶穌被釘十字架

到了一個地方，名叫髑髏地，就在那裏把耶穌釘在十字架上，又釘了兩個犯人，一個在左邊，一個在右邊，當下耶穌說：父阿，赦免他們，因為他們所作的，他們不曉得，兵丁就拈鬮分他的衣服，百姓站在那裏觀看。官府也嗤笑他說：他救了別人，他若是基督，上帝所揀選的，可以救自己罷。兵丁也戲弄他，上前拿醋送給他喝，說：「你若是猶太人的王，可以救自己罷。」在耶穌以上有一個牌子，寫著：這是猶太人的王。

那同釘的兩個犯人，有一個譏誚他說，你不是基督麼，可以救自己和我們罷。那一個就應聲責備他說，你既是一樣受刑的，還不怕上帝麼。我們是應該的，因我們所受的，與我們所作的相稱。但這個人沒有作過一件不好的事。就說耶穌阿，你得國降臨的時候，求你記念我，耶穌對他說，我實在告訴你，今日你要同我在樂園裏了。

後記

我是基督徒

我本身為虔誠的基督徒，今日要特別強調的是我投入園藝工作，是希望做出好的作品供人欣賞，而非造偶像供人膜拜，所以欣賞作品時，切勿膜拜，否則，將造成個人內心沉重的負擔。

首先感謝上帝，帶領我這一生的祝福，在一切的生活上，家庭方面，兒女的教育成長，他們的孝心，及我另一半的支持，並要感謝我的朋友們，協助我們完成出售的願望，特別感謝黃淑秋小姐及卓甫鄉夫婦的鼎力幫忙。

願賜鴻恩的主耶穌基督，加倍賜福與讀者。本書的出版要與讀者分享的另一部分，是在聖經的故事裏，有許多我個人的經歷和感動，也是我這一生中不可或缺之生命的動力。每一部故事充滿神奇，也是數千年來再三傳頌著。雖然故事久遠，但對每一世代而言，它們仍然新奇而迷人。其中的優美，也可得著啟示。

再三呼籲有錢出錢，有力出力，共同來參與這世界級的綠色動物園早日實現。

林進塔

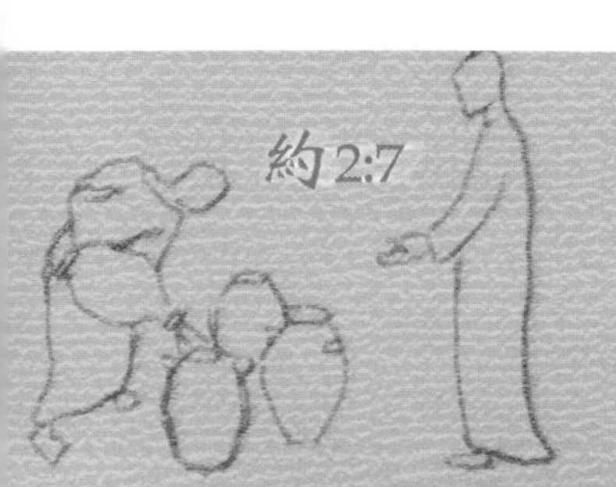

精采照片集

昔日臺安醫院
綠色動物園

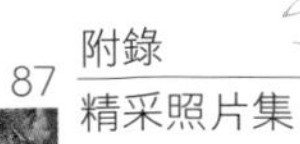

精彩照片集

新竹三溪地
種類繁多的樹雕半成品

精采照片集

魚池三育基督學院
種類繁多的樹雕半成品

精采照片集

平日收集的照片剪報
作為造型創作的參考

特別說明：剪報圖片之來源多為報章雜誌，由於年代久遠，已無從考查其出處。若有著作財產權之侵犯，敬請原諒，並在此向原圖之作者致上感謝之意。

精采照片集

歷年相關報導

國內外的報張雜誌剪報

A ZOO OF BOUGAINVILLEA ANIMALS GRACE THE LAWN OF THE TAIWAN SANITARIUM.

Ornamental Plants, Fantastic Shapes

Animal Garden—A Horticultural Menagerie

Story and Photos
By ANDREW HEADLAND JR.
S&S Taiwan Bureau Chief

TAIPEI—Taipei's most unusual garden—the animal garden of Taiwan Sanitarium and Hospital of the Seventh Day Adventists—attracts a steady stream of visitors.

Young and old alike take pleasure in wandering among the ornamental plants which gardener J. T. Lin has painstakingly trained to grow into a variety of fantastic animal shapes.

Sculptured dogs, ducks, peacocks, a boy flutist on a carabao, camels, elephants, a cobra and other African species graze along the garden paths and lawns of the hospital.

Lin's horticultural menagerie is formed from bougainvillea vines which he carefully trains into the desired shape. Lin said it takes about five years to develop a first class representation. Some of his elaborate growths are more than 10 years old.

Close clipping prevents the vines from growing wild or from bearing the magenta, red or orange flowers characteristic of the vine.

A CARABAO AND HIS RIDER MADE A PLAYGROUND FOR KIDS.

J. T. LIN TRIMS A CAMEL WHILE TWO DOGS APPEAR TO TALK ABOUT PASSING VISITORS.

MRS. L.F. LU ADMIRES A GIRAFFE AND SNAKE.

綠色的動物園

本報記者 許心慧

春來了，在臺北市中正路的臺灣療養院庭園裏，滿目花樹，繁盛燦爛。當你仔細看一看時，你會發現自己置身於一個綠色的動物園中了。那一隻隻的紫藤，被修剪編織成各種各樣的飛禽走獸，真是栩栩如生。驚歎之餘你必然會讚賞這位園丁的巧手慧心。

生性愛花木

說起這位園丁，只是一個樸實平凡的人，他是在臺灣療養院服務了五年零三個月的林進塔。林進塔是臺北縣小槺坑人，今年三十三歲，既未學過園藝，也未受過高深的學校教育，只唸過四年日本書，光復後上了十三天國民學校。他生性喜好花木，從前曾一度做生意，但與興趣不合，終於中途而廢，直至被臺灣療養院雇作園丁，每天管理花木，才算償了他的夙願。

對於種植花木，他有獨到的見地。在臺灣療養院內，花木很多，除了一大片草坪及紫藤外，種類最多的是七里香、夾竹桃、西洋杉、芭蕉、玫瑰，打掃及修剪工作，有另外一個助手幫忙，林進塔只負責移植，購買，及設計的工作。

偶然得靈感

林進塔說，他於五年前被國民就業輔導中心介紹到臺灣療養院內充當園藝技師的，每天的工作是整理花木。三年前，有一天，當他奉命修植紫藤時，忽然靈機一動，使他想起把紫藤編織修剪成一隻飛鳥，這乃引起了他嘗試建立一個綠色動物園的雄心。

於是他首先在院內入門右手邊的第一叢紫藤上下功夫，[illegible]了他很多的時間與心血，才[illegible]，把紫藤的枝葉分開紮成驅體、頭部、以及四肢，每星期要作兩次的修剪，過了很長一段時間，才完成了一隻像樣的鴿子。

這隻鴿子的優美姿態，帶給他很大的安慰與鼓勵。於是，過了不久，他又着手編織另一些紫藤動物。至今三年，醫院內庭前的廣場後，每一叢紫藤，都變成了振翅欲飛的小鳥，彎角曲而肥壯的水牛（水牛背上還騎着一個手持短笛，頭戴草笠的牧童），活潑生動的大魚，作狀欲噬的小狗、四脚爬地的烏龜，裝上兩隻燈泡當作眼睛的北極熊，猙獰可怖的猛獸，和六個作[illegible]六種打棒球姿勢的運動員，各種型態，皆能維妙維肖。

紫藤最合用

林進塔告訴記者說，這些「動物」，大部份是模仿玩具店內的各種玩具的模樣編織而成的，另一小部份是參考圖畫書籍的。至於他編織這些飛禽走獸的技巧方法，他說全是從日積月累的工作經驗中得來的，以前並沒有任何啟示，是他個人的創作。

林進塔說，另外，他在內湖岳母家裏也種了幾百株紫藤，曾修剪編織成駱駝、長頸鹿等等形狀，準備兩三年後借療養院的空地作一次大規模的展覽。他說療養院的樹木中，只有紫藤編織出的形狀最好，因為紫藤長得快，枝葉又特別茂盛，用七里香也試編過兩隻小狗，但成績並不如理想。

可美化市容

林進塔是個具有藝術天才及創造力的園藝工作者，他希望這種編織花木的新方法能對美化市容有所幫助。他說如果在新公園內及馬路的安全島上樹立起種種的綠色動物，或許能吸引更多的遊客，也可以使市民有耳目一新的感覺。

△用紫藤編成的一對小狗。（[illegible]攝）

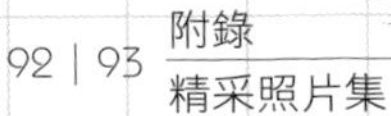

末世牧聲

第五十卷 第十二期

本期特載 海外華人聖工

人物剪影

平凡中的不凡人

愛麗詩

林進塔先生全家合照

港澳區會

台平區會

十六

16

CHINA POST
pictorial page

THURSDAY, JANUARY 14, 1971 PAGE 5

Here's More Of Hospital's Delightful Bush Zoo

SATURDAY, JULY 31, 1976 PACIFIC STARS AND STRIPES 太平洋新僑報 PAGE 13

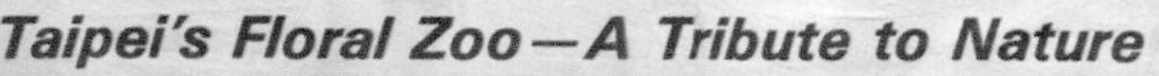

Taipei's Floral Zoo—A Tribute to Nature

Story and Photos
By ANDREW HEADLAND JR.

TAIPEI — The best-cared-for animals in Taipei are permanent garden fixtures at the Seventh Day Adventist Hospital.

There, in a landscaped panorama sweeping across the front lawn is a bougainvillea assortment of birds and beasts, each carefully manicured into a remarkable resemblance of its real life counterpart. Giraffes, goats, elephants, carabao, rabbits, monkeys, peacocks, waterfowl, fish and many other varieties grow and thrive in fantastic shapes under the daily attention of their Chinese caretaker of 18 years, J. T. Lin.

In the nearly two decades Lin has been cultivating his garden the floral menagerie has grown and thrived. One satisfaction for Lin is the pleasure expressed by hospital patients and visitors, especially children, who come to see his artistic horticultural tribute to nature.

His latest project, which will require another year to fully develop, is depicting vegetative versions of the Crucifixion, Nativity and other Biblical representations.

Gardener J. T. Line talks with Rev. Loren Fenton, pastor of the Adventist Church (above), as he clips the plants shown in the surrounding photos.

Some May

THE ASIA MAGAZINE

January 18, 1981

Cover story

Some of the many sculptured figures which line the Taipei Seventh Day Adventist Hospital's walks. Cover: Hospital gardener Lin trims a tree in the form of a giraffe. It was damaged by the wind shortly before this shot was taken.

Taipei's 'backward' sculptor

by
JOHN R. WESTBROOK

EVERY city or region has its popular artists and, for the visitor who wishes to view their work, it's common enough to schedule a call on the appropriate gallery or studio.

But what of an artist whose masterpieces are displayed not in a gallery or museum but at a hospital? And in the garden at that! Lin Ching-ta is such an artist.

Although, by profession, he is only a hospital gardener, Lin is, in his own way, as talented a sculptor as is to be found today. His works, skilfully and lovingly crafted from the dozens of bougainvillaea that dot the grounds of Taipei's Seventh Day Adventist Hospital, display a unique artistic ability.

Among the figures represented are any number of birds, rabbits, turtles, and the like, as well as almost life-size camels and elephants. Towering over them all is a giraffe that stands just on fourteen feet tall. In addition to the single animal figures are a number of groupings. In one, two workers are busily engaged pounding rice in an oversized mortar. In another, a shepherd tends his flock as a nonchalant lion dozes nearby.

Along with the realistic, the whimsical also is well represented. Baby monkeys play tag with each other. Lady and the Tramp gaze fondly into each other's eyes, and a lumbering brontosaurus peers through a hedge at hospital visitors.

Gardener Lin trims a tree in the shape of a bird. It was his success here which led to him pruning more trees in animal styles.

Two of the most remarkable figures are those of a mounted horseman completed with sombrero and a young boy playing a flute while riding a friendly water buffalo. Either of these is certain to make the viewer wonder at the years of planning and painstaking work which went into their creation.

But probably the most amazing thing about the garden is not any one of the figures it contains but rather that the entire project is the work of a single artist. Every figure in the display was planned and formed by Lin in his capacity of gardener for the hospital over the past twenty years.

Lin first hit on the idea of trying to shape the bougainvillaea, which dominated the hospital garden, shortly after assuming the position of gardener in 1958. As he tells it, two of the hospital's foreign nurses asked him to cut down an especially large plant which was growing alongside their quarters. It was growing, they said, in the spot they had decided to hang their wash to dry.

Following their instructions, Lin chopped off the offending plant level with the ground and went on with ▶

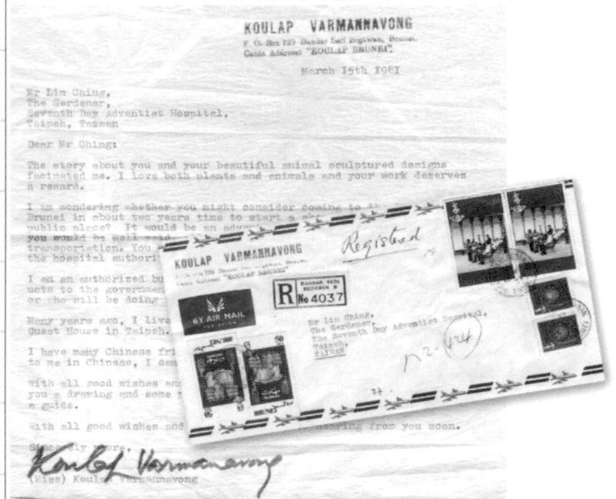

KOULAP VARMANNAVONG
P. O. Box 739 Bandar Seri Begawan, Brunei.
Cable Address: "KOULAP BRUNEI".

March 15th 1981

Mr Lin Ching,
The Gardener,
Seventh Day Adventist Hospital,
Taipeh, Taiwan

Dear Mr Ching:

The story about you and your beautiful animal sculptured designs facinated me. I love both plants and animals and your work deserves a reward.

I am wondering whether you might consider coming to ... Brunei in about two years time to start a ... public place? It would be an adv... you would be well paid... transportation. You ... the hospital authori...

I am an authorized bu... ucts to the governmen... or who will be doing ...

Many years ago, I liva... Guest House in Taipeh. ...

I have many Chinese fri... to me in Chinese, I can ...

With all good wishes and ... you a drawing and some ... a guide.

With all good wishes and ... hearing from you soon.

Sincerely yours,

Koulap Varmannavong
(Miss) Koulap Varmannavong

Taipei's Living Gallery

text and photos by John R. Westbrook

Far East TRAVELER, June – July 1979

Jerapah ciptaan Lin.

Kerbau dan seorang gadis.

Kebun Binatang Tumbuh²an Di Taipeh

Di rumahsakit Advent Hari ke-7 Taipeh anda bisa menemukan binatang' yang dirawat paling baik di seluruh Taiwan.

Burung', binatang', seperti unta, kerbau yang dibentuk dari berbagai jenis bougenvillea sangat mirip dengan binatang' aslinya.

Jarapah, kambing, gajah, kera, burung merak, ikan dll bukan main indahnya dalam bentuk yg fantastis.

Yang merawat binatang' tumbuh'an itu adalah J. T. Lin yang mengatakan bahwa ia telah 2? tahun berpengalaman di bidangnya.

— Foto : AP —

中華民國六十六年十月十六日　星期日　民族晚報　第三版

星期畫刊

栩栩如生的——園藝動物

文·陳守節　圖·林淑華

現代民生
MODERN LIVELIHOOD
南陽街風景線
林進塔的動物世界
10

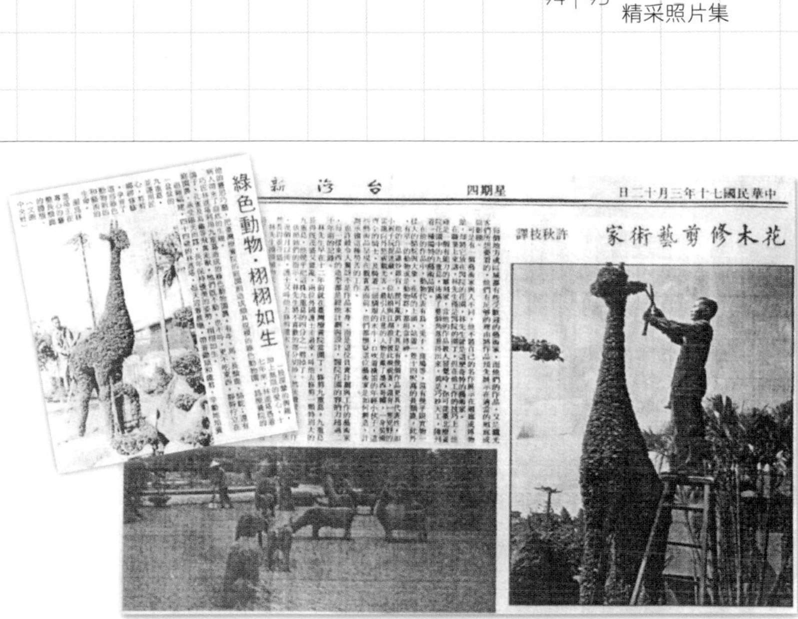
中華民國七十年三月十二日 星期四
花木修剪藝術家
綠色動物·栩栩如生

巧匠妙手奪天工
創造綠色動物園
珍禽異獸真個栩栩如生
林進塔為園藝開新境界
幾條九重葛 與起新構想
盤竿繞葉展才華 靠他耐心和想像
照圖動剪刀 先做一隻鳥
工作中找出答案 每個玩意像極了

綠色的哺乳類
修剪植物成動物 ●文／鄭元春
將有生命的植物修剪成栩栩如生的動物，一方面利於景觀，一方面滿足了創造慾，而綠色動物不是一兩天可以造成的，除了慧心與巧思外，還需要時間來配合。

城市裏的鄉下人
開創綠色動物園
天賦藝術才能、為禽獸添色
林進塔的慧心、使病患寬慰

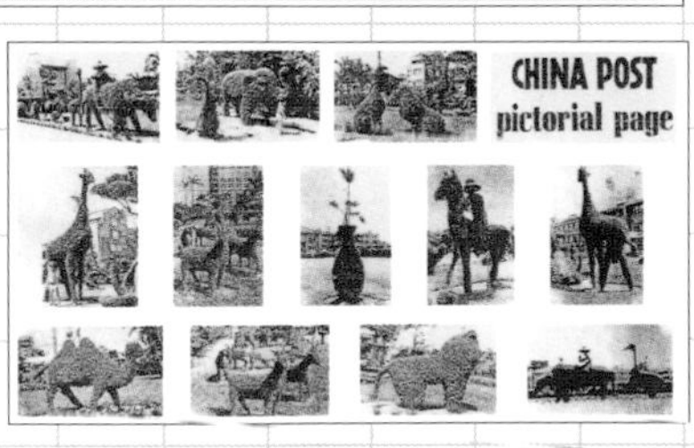
CHINA POST
pictorial page

Hospital's 'shrub zoo' lures sight-seers

九重葛

國家圖書館出版品預行編目資料

樹雕藝術家的園藝動物世界／林進塔著；
時兆雜誌社編印發行；民國九十四年八月
初版；台北市；時兆雜誌社
ISBN：986-80893-8-7 (平裝)

樹雕藝術家的園藝動物世界

著作／林進塔

助理編輯／黃淑秋
校對／時兆出版社編輯部
封面設計、美術編輯／尤廷輝

發行人／卓甫剩
出版／時兆雜誌社
地址／台北市松山區八德路二段410巷5弄1號2樓
電話／(02)2772-6420
傳真／(02)2740-1448
網址／www.stpa.org
電子郵件信箱／stpa@ms22.hinet.net
出版事業登記證／北市誌字第1243號

初版一刷／民國94年8月
定價新台幣／250元
ISBN ／ 986-80893-8-7(平裝)